AF299373

MINISTÈRE DES TRAVAUX PUBLICS

MÉMOIRES

POUR SERVIR À L'EXPLICATION

DE

LA CARTE GÉOLOGIQUE DÉTAILLÉE DE LA FRANCE

RECHERCHES

SUR

LA CRAIE SUPÉRIEURE

DEUXIÈME PARTIE

PALÉONTOLOGIE

LES AMMONITES DE LA CRAIE SUPÉRIEURE

PAR

A. DE GROSSOUVRE

INGÉNIEUR EN CHEF DES MINES

ATLAS

PARIS

IMPRIMERIE NATIONALE

M DCCC XCIII

LES AMMONITES

DE

LA CRAIE SUPÉRIEURE

ATLAS

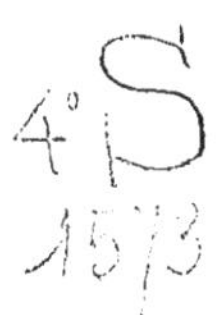

MÉMOIRES

POUR SERVIR À L'EXPLICATION

DE

LA CARTE GÉOLOGIQUE DÉTAILLÉE DE LA FRANCE

RECHERCHES

SUR

LA CRAIE SUPÉRIEURE

DEUXIÈME PARTIE

PALÉONTOLOGIE

LES AMMONITES DE LA CRAIE SUPÉRIEURE

PAR

A. DE GROSSOUVRE

INGÉNIEUR EN CHEF DES MINES

ATLAS

PARIS

IMPRIMERIE NATIONALE

M DCCC XCIII

PLANCHE I

PLANCHE I.

EXPLICATION DES FIGURES

Fig. 1a. — **Barroisia Haberfellneri**, F. v. Hauer, sp. (p. 51). — Individu (Collection Arnaud) bien conforme au type de l'espèce; vu de côté, montrant le s'ade moyen de développement; les côtes ombilicales encore visibles au commencement du dernier tour se transforment vers l'extrémité de celui-ci en tubercules allongés.
Calcaires glauconieux de l'étage coniacien. Assise K de M. Arnaud.
Les Eyzies (Dordogne).

Fig. 1b. — Le même, vu du côté ventral pour montrer la carène dentelée et les variations de forme du bord externe, d'abord terminé en un biseau obtus et devenant méplat à l'extrémité du dernier tour.

Fig. 2a. — **Barroisia Haberfellneri**, F. v. Hauer, sp. (p. 51). — Individu (Collection Arnaud) de la plus grande taille connue; vu de côté, montrant la disparition des tubercules ombilicaux et ventraux sur le dernier tour.
Calcaires glauconieux de l'étage coniacien. Assise K de M. Arnaud.
Gourd-de-l'Arche, près Périgueux (Dordogne).

Fig. 2b. — Le même, vu du côté ventral pour montrer la forme du bord externe.

Fig. 3a. — **Barroisia Haberfellneri**, F. v. Hauer, var., sp. (p. 51). — Individu (Collection Arnaud) un peu plus renflé que le type.
Calcaires glauconieux de l'étage coniacien. Assise K de M. Arnaud.
Gourd-de-l'Arche, près Périgueux (Dordogne).

Fig. 3b. — Le même, vu du côté ventral; le bord externe, légèrement convexe à la partie inférieure du profil, est devenu assez fortement concave à la partie supérieure, en raison de la saillie des tubercules ventraux.

Fig. 4a. — **Barroisia Haberfellneri**, F. v. Hauer, sp. (p. 51). — Individu jeune (Collection A. de Grossouvre), vu de côté pour montrer l'ornementation des flancs à la taille immédiatement inférieure à celle de l'individu représenté par la figure 1.
Calcaires marneux, glauconieux, de la partie inférieure de l'étage coniacien. Assise K de M. Arnaud.
Aubas, près Montignac (Dordogne).

Fig. 4b. — Le même, vu du côté ventral.

Fig. 5a. — **Barroisia Haberfellneri**, F. v. Hauer, sp. (p. 51). — Individu jeune (Collection Le Mesle), appartenant à une variété un peu plus renflée que le type. L'ombilic est proportionnellement plus large et les côtes, plus épaisses, sont moins nombreuses.
Craie de Villedieu, partie inférieure : calcaires durs, à texture gréseuse et à bryozoaires, exploités à la Ribochère, près Couture (Loir-et-Cher).

Fig. 5b. — Le même, vu du côté ventral.

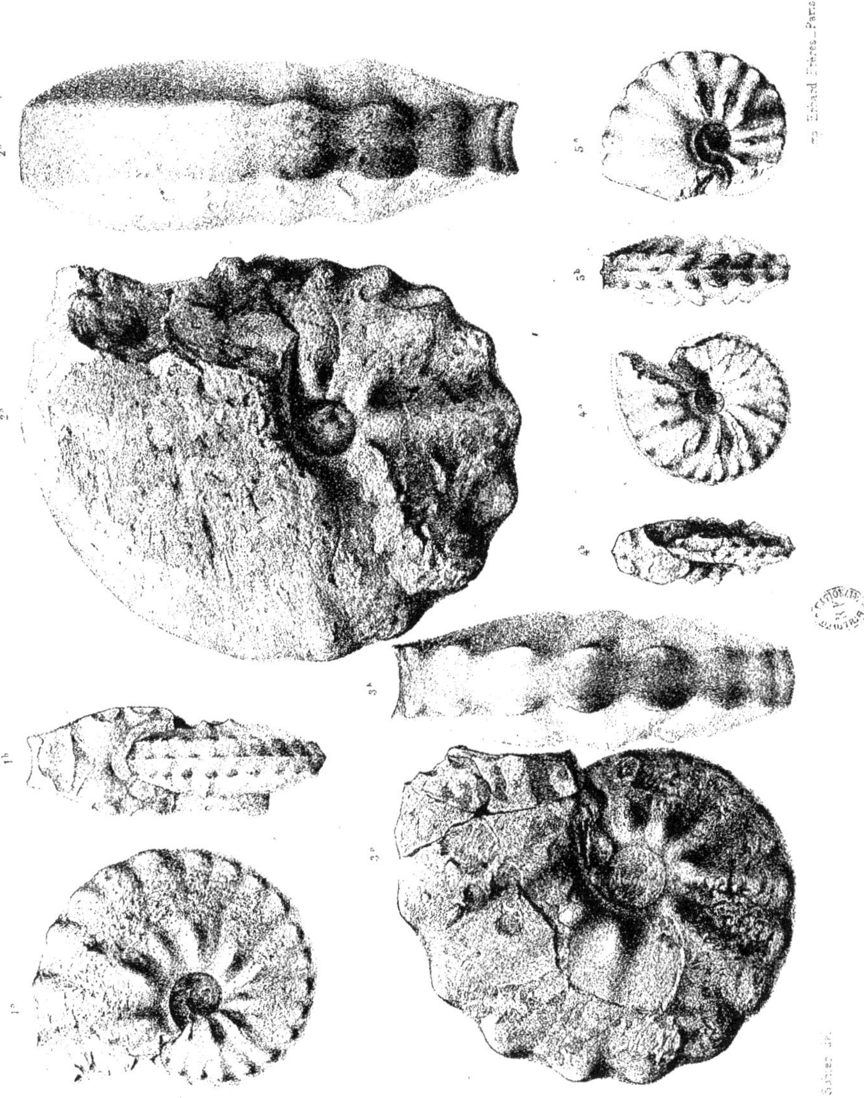

PLANCHE II.

34.

PLANCHE II.

EXPLICATION DES FIGURES.

Fig. 1ᵃ. — **Barroisia Haberfellneri**, F. v. Hauer, sp. (p. 51). Variété intermédiaire entre le type et la var. *Desmoulinsi*. Individu (Collection Arnaud) de taille moyenne, vu de côté; d'une variété plus renflée que le type; on voit que les tubercules et les côtes sont moins nombreux et que l'ornementation est beaucoup plus vigoureuse.
    Calcaires glauconieux de l'étage coniacien. Assise K de M. Arnaud.
    Gourd-de-l'Arche, près Périgueux (Dordogne).

Fig. 1ᵇ. — Le même, vu du côté ventral.

Fig. 2ᵃ. — **Barroisia Haberfellneri**, F. v. Hauer, sp. (p. 51), var. *Harléi*, A. de Grossouvre. — Individu de taille moyenne, type de cette variété (Collection Arnaud), vu de côté pour montrer l'absence complète d'ornementation sur les flancs, où persistent seulement, sur le bord externe, des tubercules très atténués.
    Calcaires glauconieux de l'étage coniacien. Assise K de M. Arnaud.
    Gourd-de-l'Arche, près Périgueux (Dordogne).

Fig. 2ᵇ. — Le même, vu du côté ventral; les tubercules de la carène médiane ont à peu près complètement disparu et la carène est devenue sensiblement lisse et continue; on voit aussi que le bord externe se déprime avec l'âge.

Fig. 3. — **Barroisia Haberfellneri**, F. v. Hauer, sp. (p. 51). — Individu de petite taille (Collection Le Mesle); moule interne en très bon état de conservation, montrant les petits tubercules qui existent à l'extrémité des côtes ombilicales.
    Craie de Villedieu, partie inférieure; calcaires durs à texture gréseuse et à bryozoaires, exploités à la Ribochère, près Couture (Loir-et-Cher).

Fig. 4ᵃ. — **Barroisia Haberfellneri**, F. v. Hauer, sp. (p. 51), var. *alstadenensis*, Schlüter. — Échantillon d'assez grande taille (Collection Arnaud), vu de côté, bien conforme au type figuré par M. Schlüter (*Cephal. d. ob. deutschen Kreide*, pl. XL, fig. 13 à 16); les côtes, visibles au commencement du dernier tour, disparaissent vers l'extrémité.
    Calcaires glauconieux de l'étage coniacien. Assise K de M. Arnaud.
    Gourd-de-l'Arche, près Périgueux (Dordogne).

Fig. 4ᵇ. — Le même, vu du côté ventral; les tubercules de la carène ventrale sont visibles au commencement du dernier tour.

Fig. 5. — **Barroisia Haberfellneri**, F. v. Hauer, sp. (p. 51). — Échantillon type d'*Am. petrocoriensis*, Coquand (Collection de l'École des mines); il est déformé par compression et montre à l'extrémité du dernier tour, comme accident pathologique, un tubercule isolé à l'intérieur de la rangée des tubercules du bord externe.
    Montignac (Dordogne).

Fig. 6ᵃ. — **Barroisia Haberfellneri**, F. v. Hauer, sp. (p. 51), var. *Desmoulinsi*, A. de Grossouvre. — Échantillon type de cette variété (Collection Arnaud), vu de côté, remarquable par son épaisseur et la vigueur de son ornementation.
    Calcaires glauconieux de l'étage coniacien. Assise K de M. Arnaud.
    Gourd-de-l'Arche, près Périgueux (Dordogne).

Fig. 6ᵇ. — Le même, vu du côté ventral; les tubercules de la carène ventrale ont disparu en raison du mauvais état de conservation de l'échantillon.

Fig. 7ᵃ. — **Barroisia Haberfellneri**, F. v. Hauer, sp. (p. 51). Var. intermédiaire entre la var. *alstadenensis* et la var. *Harléi*. — Individu jeune (Collection Arnaud), vu de côté, sur lequel les côtes ont déjà disparu à l'extrémité du dernier tour.
    Calcaires glauconieux de l'étage coniacien. Assise K de M. Arnaud.
    Gourd-de-l'Arche, près Périgueux (Dordogne).

Fig. 7ᵇ. — Le même, vu du côté ventral.

Fig. 8ᵃ. — **Barroisia Haberfellneri**, F. v. Hauer, sp. (p. 51), var. *Harléi*. — Individu jeune (Collection Arnaud), montrant l'absence de toute ornementation dès cette taille.
    Calcaires glauconieux de l'étage coniacien. Assise K de M. Arnaud.
    Gourd-de-l'Arche, près Périgueux (Dordogne).

Fig. 8ᵇ. — Le même, vu du côté ventral.

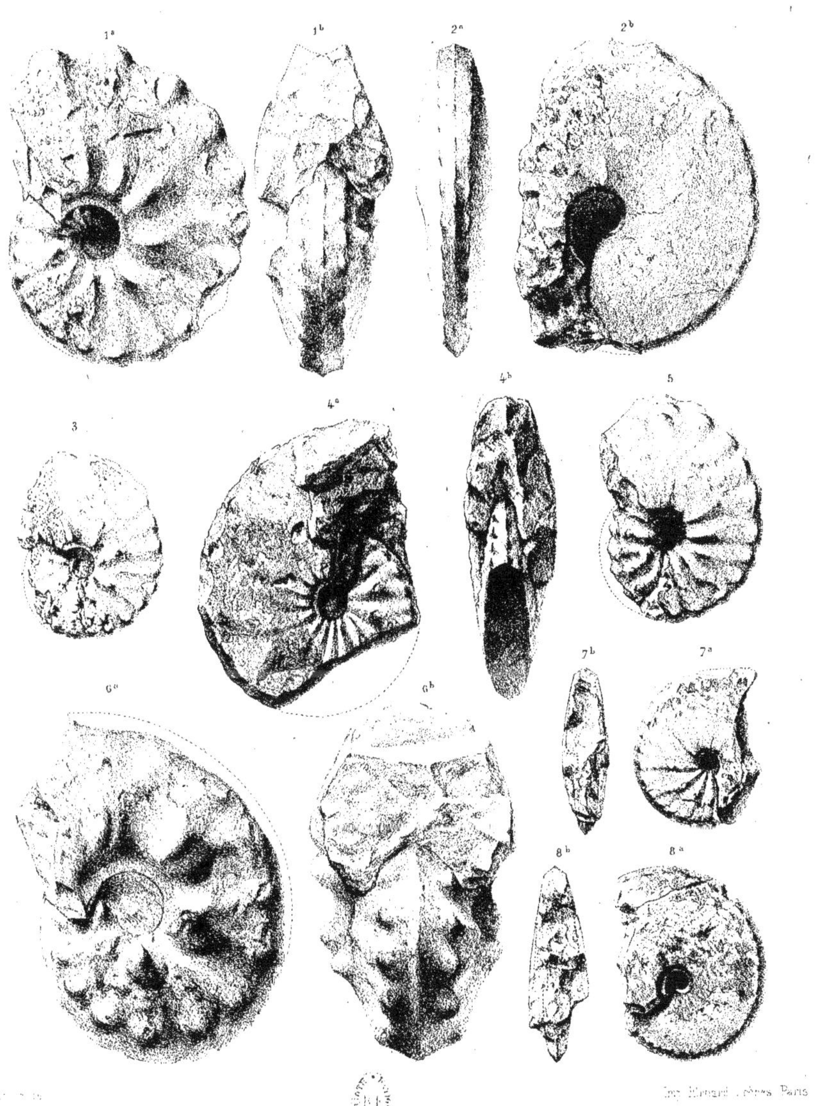

PL. II.

PLANCHE III

PLANCHE III.

EXPLICATION DES FIGURES.

Fig. 1. — **Barroisia sequens**, A. de Grossouvre, nov. sp. (p. 64). — Individu (Collection Arnaud) type de l'espèce, vu de côté.
Calcaires blancs à texture gréseuse et à bryozoaires du coniacien moyen. Assise L¹ de M. Arnaud.
Toutyfaut, près Angoulême (Charente).

Fig. 2ᵃ. — **Barroisia Nicklèsi**, A. de Grossouvre, nov. sp. (p. 63). — Individu (Collection Arnaud), type de l'espèce, vu de côté.
Calcaires blancs à texture gréseuse et à bryozoaires du coniacien moyen. Assise L¹ de M. Arnaud.
Toutyfaut, près Angoulême (Charente).

Fig. 2ᵇ. — Le même, vu du côté ventral.

Fig. 3ᵃ. — **Barroisia Boissellieri**, A. de Grossouvre, nov. sp. (p. 65). — Individu (Collection Arnaud), type de l'espèce, vu de côté.
Calcaires blancs à texture gréseuse et à bryozoaires du coniacien moyen. Assise L¹ de M. Arnaud.
La Quina, près Lavalette (Charente).

Fig. 3ᵇ. — Le même, vu du côté ventral.

Fig. 4ᵃ. — **Schlönbachia Nanclasi**, A. de Grossouvre, nov. sp. (p. 100). — Individu (Collection Arnaud) type de l'espèce, vu de côté.
Calcaires glauconieux de l'étage coniacien inférieur. Assise K de M. Arnaud.
Première tranchée de la ligne de Périgueux à Coutras, à la sortie de Périgueux (Dordogne).

Fig. 4ᵇ. — Le même, vu du côté ventral.

1
2ª
3ª
3ᵇ
2ᵇ
4ᵇ
4ª

PLANCHE IV

PLANCHE IV.

EXPLICATION DES FIGURES.

Fig. 1ᵃ. — **Tissotia Robini**, Thiollière, sp. emend. A. de Grossouvre (p. 37). — Individu de
taille moyenne (Collection de la Sorbonne), vu de côté pour montrer le dessin
des cloisons et l'ornementation de cette espèce, qui disparaît avec l'âge.
Grès verdâtre de Dieulefit (Drôme).

Fig. 1ᵇ. — Le même, vu du côté ventral pour montrer la forme de la section des tours, qui est
subtrapézoïdale au commencement du dernier tour et ogivale à son extrémité.

Fig. 2ᵃ. — **Tissotia Robini**, Thiollière, sp. emend. A. de Grossouvre (p. 37). — Individu de
petite taille (Collection Arnaud), vu de côté; on aperçoit les côtes flexueuses qui
ornent les flancs des premiers tours de cette espèce.

Fig. 2ᵇ. — Le même, vu du côté ventral.

Fig. 3ᵃ. — **Tissotia haplophylla**, Redtenbacher, sp. (p. 42). — Individu de petite taille (Collection Rejaudry), vu de côté pour montrer les côtes flexueuses partant des tubercules ombilicaux qui constituent l'ornementation de cette espèce.
Saint-Hilaire-de-Jonzac (Charente-Inférieure).

Fig. 3ᵇ. — Le même, vu du côté ventral pour faire voir la section des tours, qui est trapé-
zoïdale, le bord ventral tendant à se déprimer de plus en plus à mesure que la
coquille se développe.

Fig. 4ᵃ. — **Tissotia haplophylla**, Redtenbacher, sp. (p. 42). — Individu de petite taille (Collection Boreau-Lajanadie), vu de côté; on voit qu'il existe encore, au commencement du dernier tour, des tubercules ombilicaux qui disparaissent sur la dernière
partie de ce tour.
Puymoyen, route de Torsac (Charente). Étage coniacien inférieur.

Fig. 4ᵇ. — Le même, vu du côté ventral pour montrer la forme de la section des tours, analogue
à celle de l'individu précédent.

Fig. 5ᵃ. — **Tissotia haplophylla**, Redtenbacher, sp. (p. 42). — Individu d'assez grande taille
(Collection Rejaudry), de forme renflée, vu de côté pour montrer l'ornementation
vigoureuse des flancs; à cette taille, les côtes qui réunissent les tubercules ombilicaux aux tubercules ventraux ont à peu près complètement disparu.
Environs de Pons (Charente), coniacien moyen. Assise Lᴵ de M. Arnaud.

Fig. 5ᵇ. — Le même, vu du côté ventral pour montrer l'épaisseur des tours, la forme déprimée
du bord ventral et les tubercules de la carène siphonale.

Fig. 6. — **Tissotia Ewaldi**, de Buch, sp. — Individu d'assez grande taille (Collection de l'abbé
Bourgeois), vu de côté pour montrer l'ornementation des flancs.
Calcaires durs de la base de la craie de Villedieu.
Cangey, près Amboise (Indre-et-Loire).

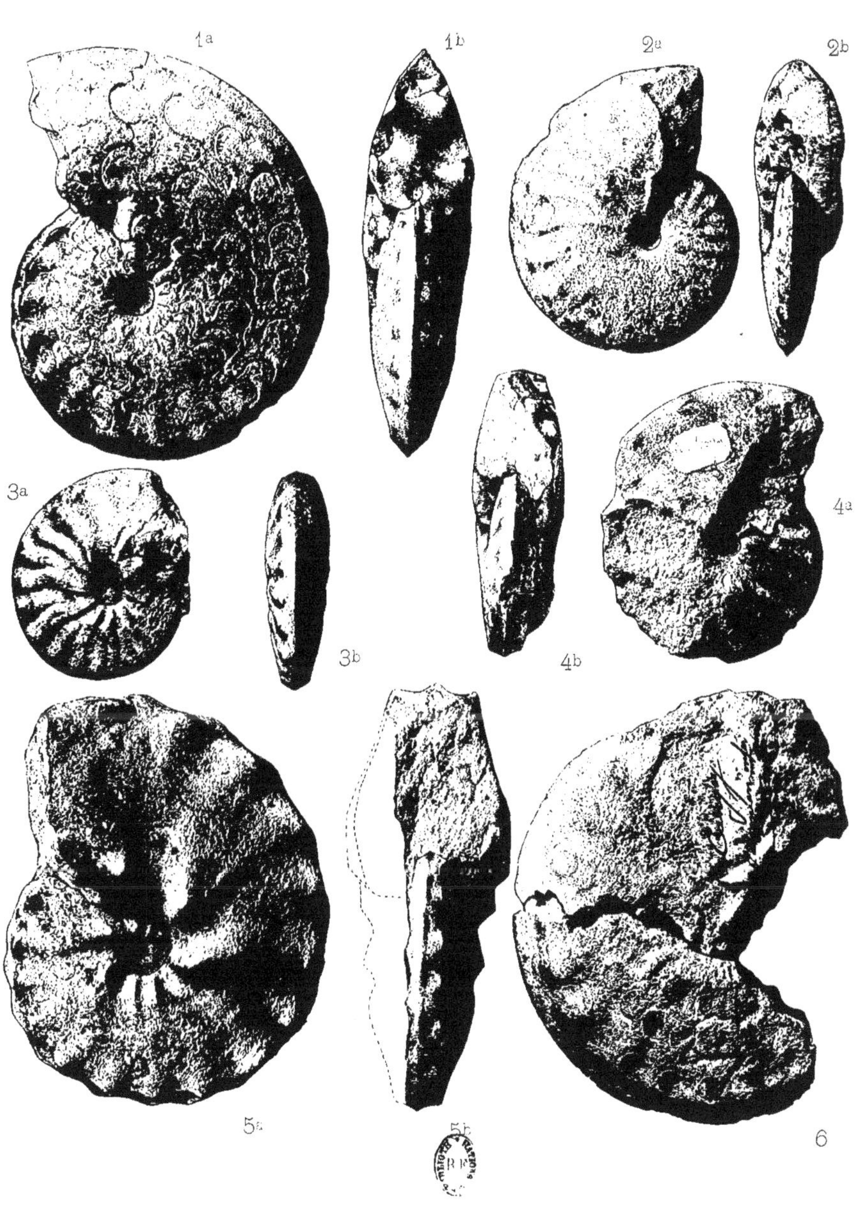

Sohier correxit.

PLANCHE V

PLANCHE V.

EXPLICATION DES FIGURES.

Fig. 1ᵃ. — **Placenticeras Fritschi**, A. de Grossouvre, n. sp. (p. 124). — Individu de
grande taille (Collection de l'abbé Bourgeois), vu de côté pour montrer
l'ornementation des flancs et notamment les tubercules situés immédiatement autour de l'ombilic qui caractérisent cette espèce.
    Calcaires durs de la base de la craie de Villedieu.
    Carrières de la Ribochère, près Couture (Loir-et-Cher).

Fig. 1ᵇ. — Le même, vu du côté ventral.

Fig. 2ᵃ. — **Placenticeras Fritschi**, A. de Grossouvre, n. sp. (p. 124). — Individu de
petite taille (Collection Le Mesle), vu de côté.
    Calcaires durs de la base de la craie de Villedieu.
    Carrières de la Ribochère, près Couture (Loir-et-Cher).

Fig. 2ᵇ. — Le même, vu du côté ventral.

Fig. 2ᶜ. — Section des tours pour montrer la forme de la paroi ombilicale et la manière
nette dont elle se détache des flancs.

Fig. 3ᵃ. — **Placenticeras syrtale**, Morton, sp. (p. 128). — Individu de petite taille
(Collection A. de Grossouvre), vu de côté pour montrer l'ornementation des
flancs dans le jeune âge, qui consiste tout d'abord en côtes falculiformes ;
à l'extrémité du dernier tour, on voit apparaître des tubercules sur le bord
externe.
    Souterrain de Beaulieu. Assise M² de M. Arnaud.
    Ligne de Ribérac à Périgueux (Dordogne).

Fig. 3ᵇ. — Le même, vu du côté ventral pour montrer les deux lignes de tubercules qui
limitent le méplat ventral.

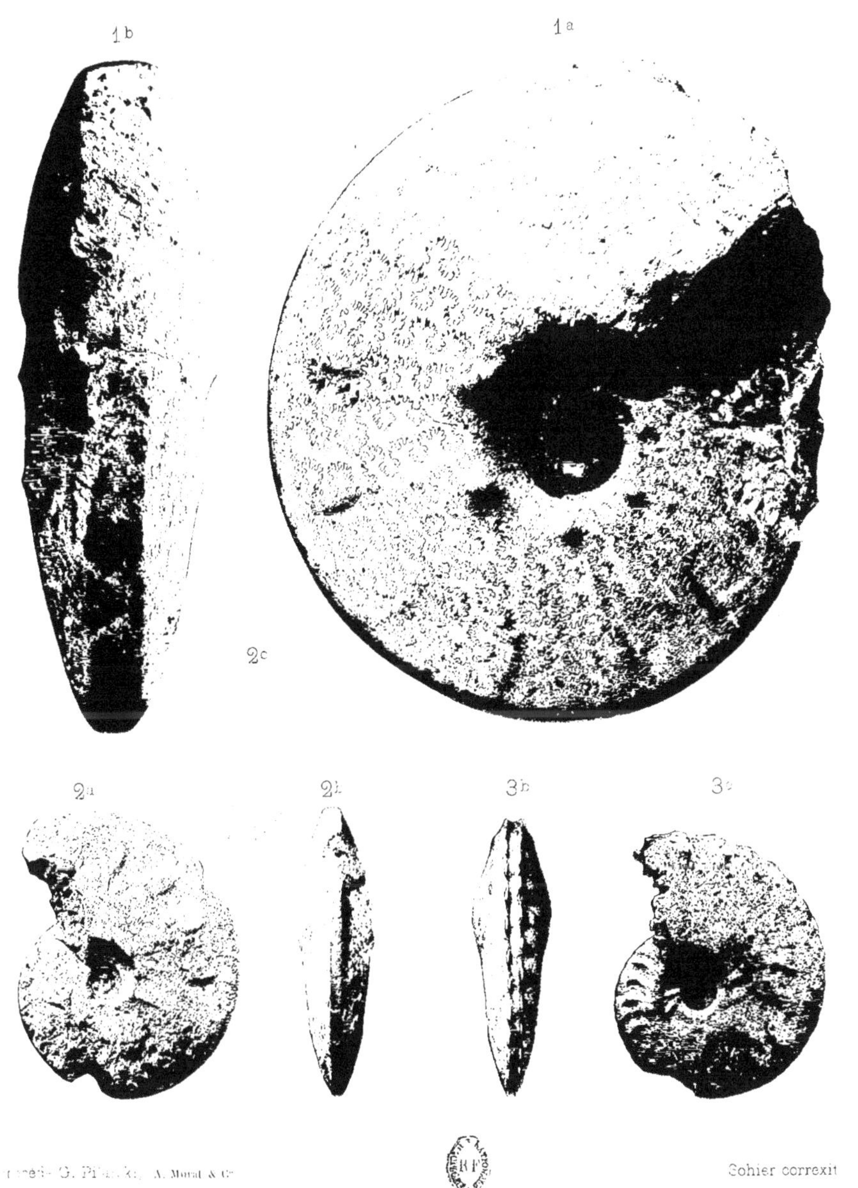

   Gohier correxit

PLANCHE VI

PLANCHE VI.

EXPLICATION DES FIGURES.

Fig. 1ᵃ. — **Placenticeras syrtale**, Morton, var. *Guadaloupæ*, F. Römer (p. 128). — Magnifique échantillon (Collection Arnaud), vu de côté et montrant l'ornementation de l'adulte. Il n'existe plus sur les flancs que deux rangées de tubercules.

  Assise M^2 de M. Arnaud.

  Entrée du tunnel de Beaulieu. Ligne de Périgueux à Ribérac (Dordogne).

Fig. 1ᵇ. — Le même, vu du côté ventral.

Fig. 2ᵃ. — **Placenticeras syrtale**, Morton, var. *Guadaloupæ*, F. Römer (p. 128). — Échantillon (Collection de l'École des mines) vu de côté; il montre le passage de l'ornementation du jeune à celui de l'adulte. La deuxième rangée de tubercules se rapproche de plus en plus du bord externe.

  Assise à *Spondylus truncatus* de la craie de Villedieu.

  Villandry (Indre-et-Loire).

Fig. 2ᵇ. — Le même, vu du côté ventral ; on aperçoit encore sur la partie médiane du bord ventral les deux rangées de tubercules qui limitaient primitivement le pourtour externe et qui plus tard disparaîtront complètement, comme le montre l'échantillon représenté par la figure 1.

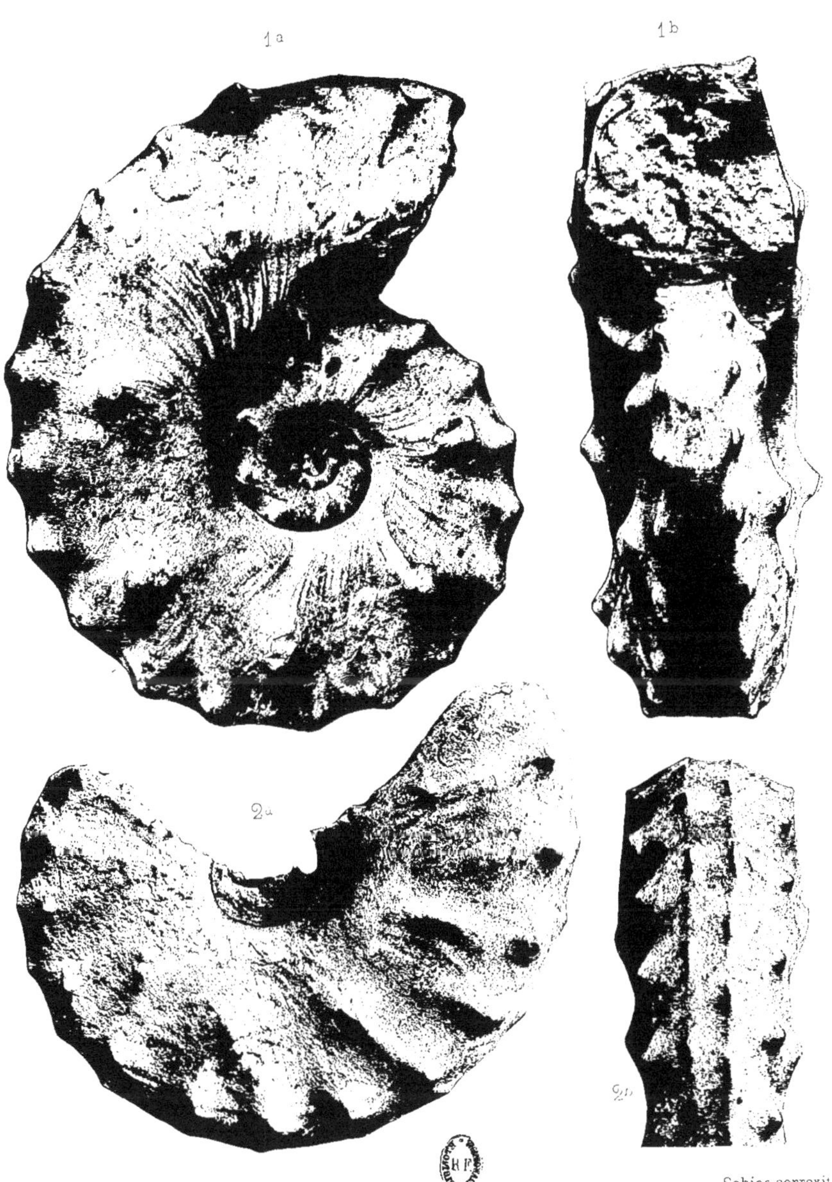

Sohier correxit.

PLANCHE VII

PLANCHE VII.

·

EXPLICATION DES FIGURES.

Fig. 1ª. — **Placenticeras syrtale**, Morton, sp. var. *Guadaloupæ*, F. Römer (p. 128). — Individu (Collection Toucas) de taille moyenne, vu de côté.

Marnes ferrugineuses intercalées entre les bancs de rudistes sur le chemin de Sougraignes aux Croutets (Aude).

Fig. 1ᵇ. — Le même, vu du côté ventral.

Fig. 2ª. — **Tissotia Slizewiczi**, Fallot, sp. var. (p. 46). — Individu jeune (Collection Arnaud), vu de côté pour montrer les tubercules ombilicaux et leur disparition à l'extrémité du dernier tour.

Assise L¹ de M. Arnaud.

Pons (Charente-Inférieure).

Fig. 2ᵇ. — Le même, vu du côté ventral.

Fig. 3ª. — **Schlönbachia Boreaui**, A. de Grossouvre, n. sp. (p. 111). — Individu (Coll. Arnaud) type de l'espèce, vu de côté.

Calcaires durs du coniacien moyen. Assise L¹ de M. Arnaud.

Environs de Cognac (Charente).

Fig. 3ᵇ. — Le même, vu du côté ventral.

Procédé G. Plœcki, A. Murat et Cⁱᵉ

Sohier correxit

PLANCHE VIII.

EXPLICATION DES FIGURES.

Fig. 1ª. — **Placenticeras syrtale**, Morton, sp. (p. 128). — Échantillon (Collection Rejaudry) vu de côté pour montrer l'ornementation des flancs. On constate
bien nettement sur le dernier tour que la deuxième rangée de tubercules,
d'abord située à une certaine distance du contour externe, s'en rapproche
progressivement, puis finalement se place exactement sur ce contour.
Étage sénonien. Assise M² de M. Arnaud.
La Valette (Charente).

Fig. 1ᵇ. — Le même, vu du côté ventral.

Fig. 2ª. — **Sonneratia rara**, A. de Grossouvre, nov. sp. (p. 148). — Individu (Collec-
tion Arnaud) vu de côté.
Étage campanien. Assise P³ de M. Arnaud.
Saint-Médard-de-Barbezieux (Charente).

Fig. 2ᵇ. — Le même, vu du côté ventral pour montrer le méplat du bord externe.

Fig. 3ª. — **Hoplites Vari**, Schlüter, sp. var. *Marroti*, Coq (p. 118). — Individu (Collection de l'École des mines) vu de côté; c'est l'échantillon que Coquand
a pris comme type de l'*Am. Marroti*.
Environs de Ribérac (Dordogne).

Fig. 3ᵇ. — Le même, vu du côté ventral.

Fig. 4ª. — **Sonneratia Rejaudryi**, A. de Grossouvre, nov. sp. (p. 146). — Individu
(Collection Rejaudry) type de l'espèce, vu de côté.
Étage campanien. Assise P³ de M. Arnaud.
Saint-Médard-de-Barbezieux (Charente).

Fig. 4ᵇ. — Le même, vu du côté ventral.

1 b

1 a

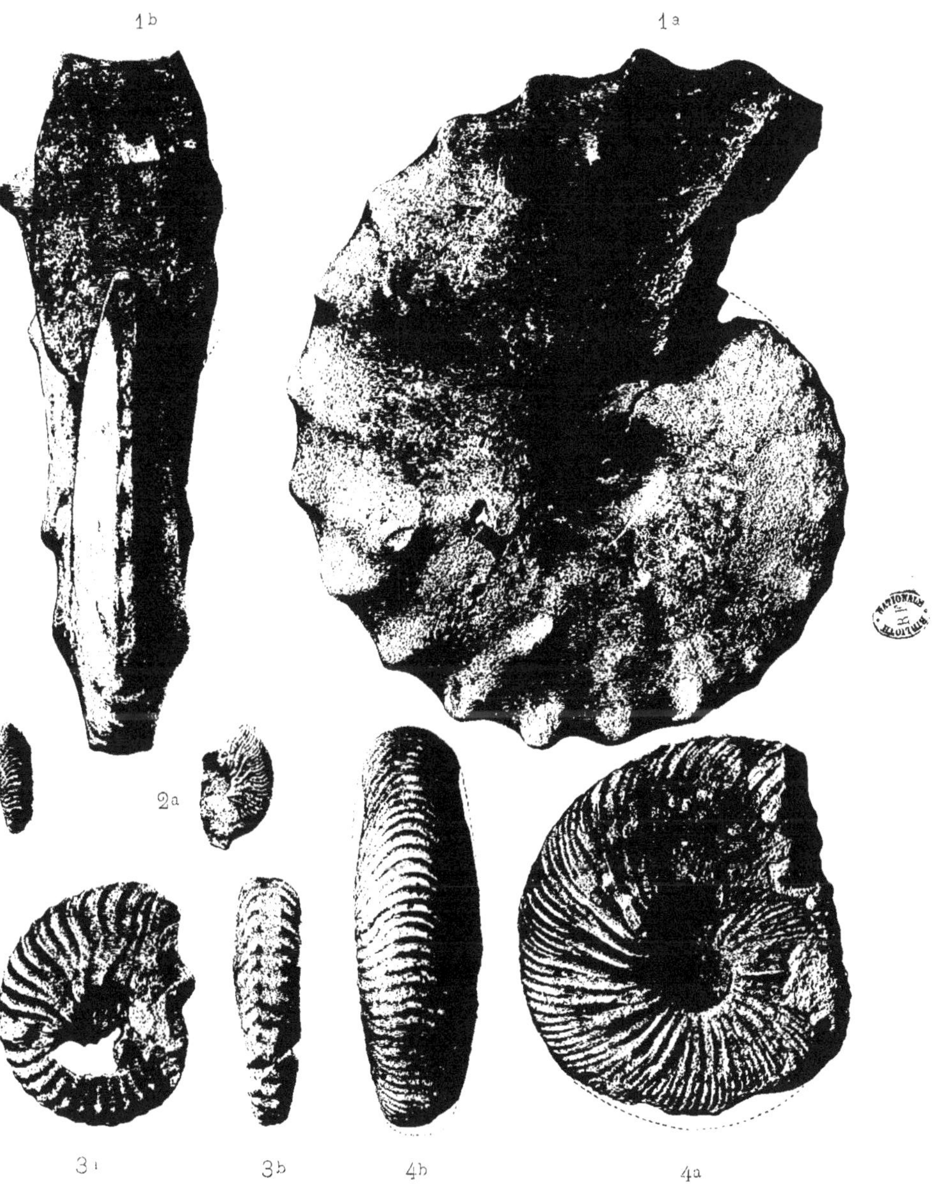

2 a

3 a

3 b

4 b

4 a

Sohier Correxit

PLANCHE IX

IMPRIMERIE NATIONALE

PLANCHE IX.

EXPLICATION DES FIGURES.

Fig. 1. — **Gauthiericeras bajuvaricum**, Redtenbacher, sp. (p. 88). — Individu adulte (Collection Le Mesle) vu de côté pour montrer l'ornementation des flancs, qui reste la même jusqu'à l'extrémité du dernier tour ; les côtes qui réunissent les tubercules ombilicaux aux tubercules externes s'atténuent seulement sur les derniers tours. On aperçoit la quille ventrale qui se détache des flancs.

> Partie inférieure de la craie de Villedieu.

> Carrières de la Ribochère, commune de Couture (Loir-et-Cher).

Fig. 2ª. — **Hoplites Vari**, Schlüter, sp., var. *Marroti*, Coquand (p. 118). — Individu (Collection Arnaud) vu de côté. Il se rapporte aussi complètement que possible aux figures 2 et 5 de la planche I du docteur Schlüter (*Beitrage zur Kenntniss der jüngsten Ammoneen*).

> Étage campanien. Assise P³ de M. Arnaud.

> Bouteille (Dordogne).

Fig. 2ᵇ. — Le même, vu de côté.

Fig. 3ª. — **Hoplites Vari**, Schlüter, sp., var. *Marroti*, Coquand (p. 118). — Autre individu (Collection Arnaud) vu de côté.

> Assise P³ de M. Arnaud.

> Petingaud, près Montmoreau (Charente).

Fig. 3ᵇ. — Le même, vu du côté ventral ; on voit qu'il existe sur le méplat ventral des côtes droites qui réunissent les tubercules externes de l'extrémité des côtes qui ornent les flancs.

Fig. 4ª. — **Sphenodiscus Ubaghsi**, A. de Grossouvre, n. sp. (p. 141). — Fragment d'un individu (Collection A. de Grossouvre) vu de côté pour montrer que les flancs sont lisses et donner le dessin des cloisons.

> Calcaires gréseux à thécidées. Assise R de M. Arnaud.

> Maurens (Dordogne).

Fig. 4ᵇ. — Section du précédent.

Fig. 5. — **Tissotia Ewaldi**, L. de Buch, sp. (p. 40). — Individu (Collection Toucas) vu de côté pour montrer l'ornementation des flancs ; on voit que les tubercules ombilicaux disparaissent à l'extrémité du dernier tour.

> Calcaires à *Cyphosoma Archiaci*, de la base de l'étage sénonien.

> Environs de Rennes-les-Bains (Aude).

Fig. 6. — **Sphenodiscus Ubaghsi**, A. de Grossouvre, n. sp. (p. 141). — Dernière loge d'un individu de cette espèce (Collection Arnaud), vu de côté pour montrer l'absence d'ornementation et la petitesse de l'ombilic du dernier tour. La spire tend même à se refermer à l'extrémité.

> Calcaire blanc (assise R de M. Arnaud), pierre de taille de Maurens (Dordogne)..

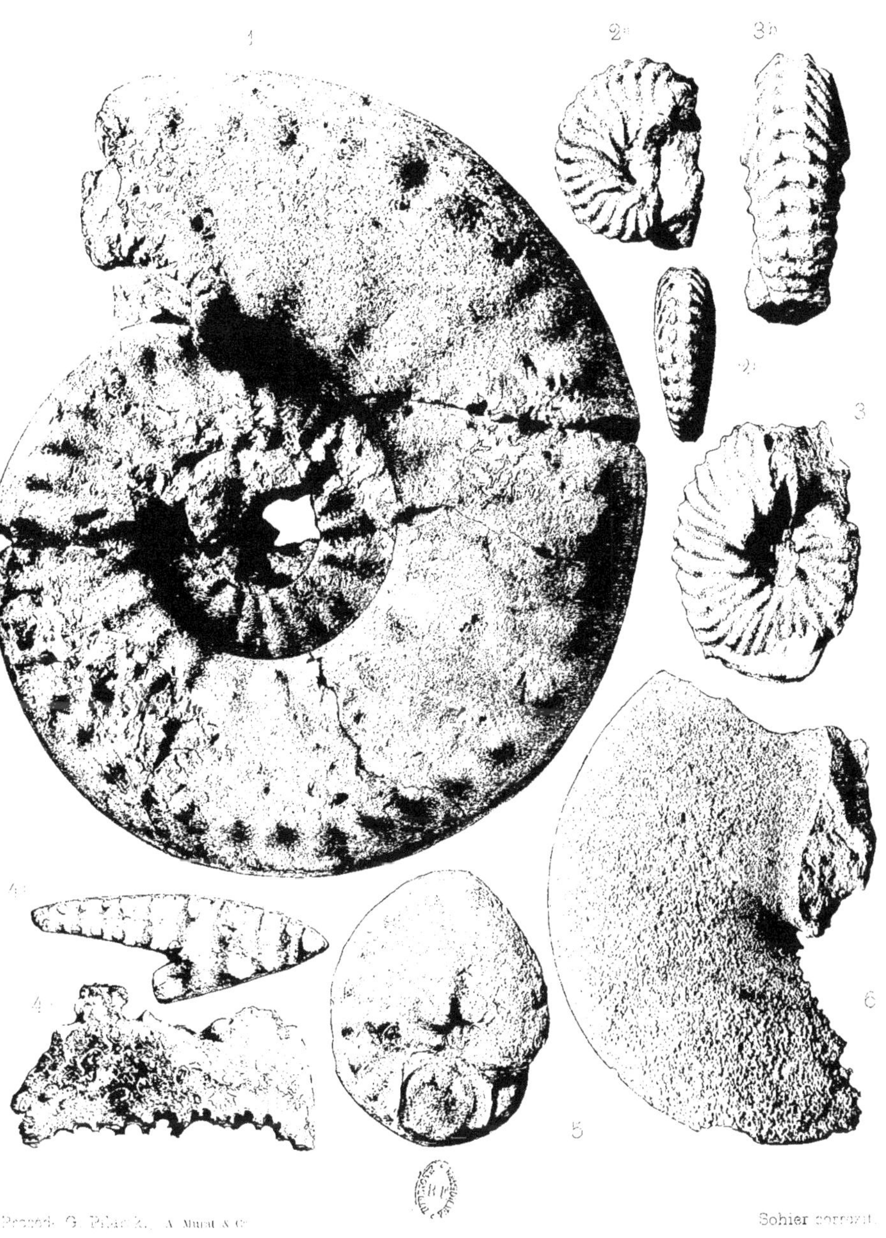

PLANCHE X

PLANCHE X.

EXPLICATION DES FIGURES.

FIG. 1ª. — **Peroniceras subtricarinatum**, D'ORBIGNY, sp. (p. 94). — Individu (Collection d'Orbigny, au Muséum) type de l'espèce déjà représenté par d'Orbigny; vu de côté pour montrer les côtes partie simples, partie bifides.
Calcaires durs de la base de l'étage sénonien.
Environs de Rennes-les-Bains (Aude).

FIG. 1ᵇ. — Le même, vu du côté ventral.

FIG. 2. — **Peroniceras subtricarinatum**, D'ORBIGNY, sp., var. *tridorsatum*, SCHLÜTER (p. 94). — Individu (Collection Le Mesle) vu de côté, chez lequel les côtes sont toutes simples.
Calcaires de la base de la craie de Villedieu.
Carrières de la Ribochère, commune de Couture (Loir-et-Cher).

FIG. 3ª. — **Peroniceras subtricarinatum**, D'ORBIGNY, sp., var. *tridorsatum*, SCHLÜTER (p. 94). — Individu (Collection de l'École des mines) vu de côté.
Calcaires de la base de l'étage sénonien.
Chemin de Rennes-les-Bains, à Montferrand (Aude).

FIG. 3ᵇ. — Le même, vu du côté ventral.

1b   1a   2

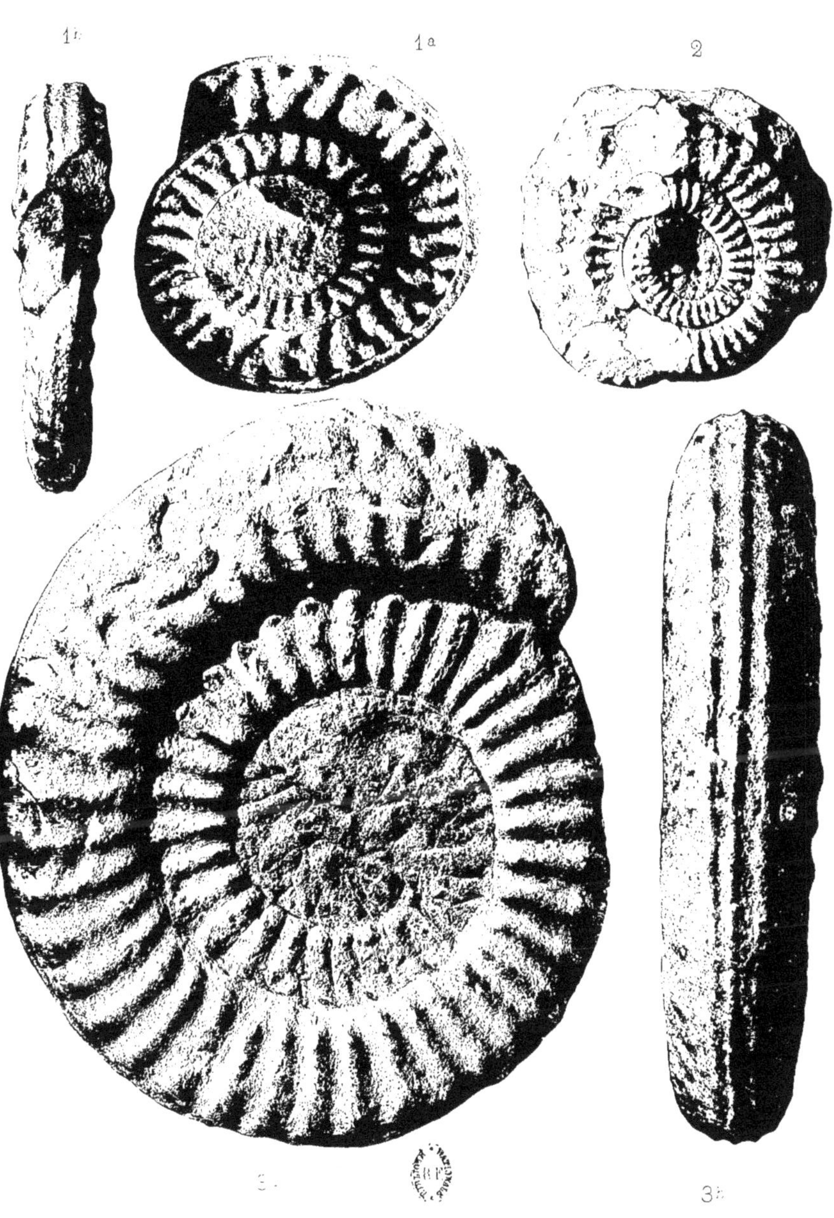

3

3a

PLANCHE XI

PLANCHE XI.

EXPLICATION DES FIGURES.

FIG. 1^a. — **Peroniceras subtricarinatum**, D'ORBIGNY, sp., var. *tridorsatum*, SCHLÜTER (p. 94). — Individu (Collection Arnaud) vu de côté, montrant bien nettement les tubercules radiaux qui se trouvent vers l'origine des côtes et les tubercules transverses par lesquels celles-ci se terminent sur le pourtour externe.

> Étage coniacien. Assise L^1 de M. Arnaud.
> La Boulinerie, près Jonzac (Charente-Inférieure).

FIG. 1^b. — Le même, vu du côté ventral, montrant la section des tours, qui est presque carrée.

FIG. 2^a. — **Peroniceras Czörnigi**, REDTENBACHER, sp. (p. 103) var. — Individu (Collection de la Sorbonne) vu de côté.

> Grès verdâtres de Dieulefit (Drôme).

FIG. 3. — **Peroniceras Moureti**, A. DE GROSSOUVRE, n. sp. (p. 100). — Individu (Collection Rejaudry) vu de côté.

> Étage coniacien. Assise L^1 de M. Arnaud.
> La Boulinerie, près Jonzac (Charente-Inférieure).

FIG. 4^a. — **Peroniceras Moureti**, A. DE GROSSOUVRE, n. sp. (p. 100). — Individu (Collection de l'École des mines) type de l'espèce, vu de côté; dans cette espèce, comme dans *P. subtricarinatum*, les côtes possèdent, près de l'ombilic, des tubercules pincés dans le sens de la longueur, et, près du bord externe, des tubercules transverses; mais elles sont inclinées en avant au lieu d'être normales.

> Calcaires tendres gréseux de la base de la craie de Villedieu.
> Courtiras, près Vendôme (Loir-et-Cher).

FIG. 4^b. — Le même, vu du côté ventral.

FIG. 4^c. — Le même, section des tours.

FIG. 5^a. — **Peroniceras Rousseauxi**, A. DE GROSSOUVRE, nov. sp. (p. 102). — Fragment d'un individu (Collection Arnaud) vu de côté.

> Étage coniacien. Assise L^1 de M. Arnaud.
> Saint-Simon-de-Jonzac (Charente-Inférieure).

FIG. 5^b. — Le même : section des tours, pour montrer la forme de la section, qui est beaucoup plus large que haute, bien que la dimension de l'ombilic soit proportionnellement moins grande que dans *P. Moureti*.

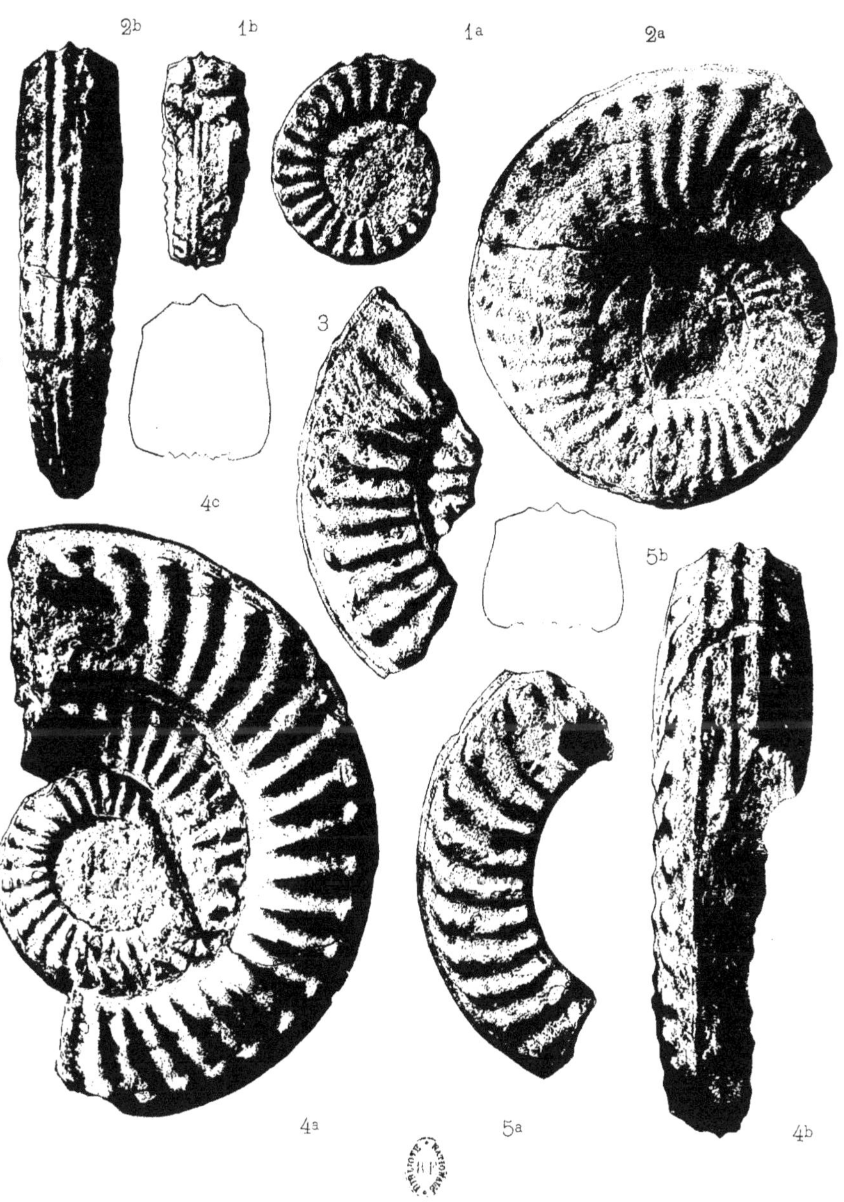

Sohier correxit

PLANCHE XII

PLANCHE XII.

EXPLICATION DES FIGURES.

Fig. 1. — **Peroniceras westphalicum**, Schlüter, sp. (p. 98). — Individu (Collection de l'École des mines) vu de côté, différent du type par ses côtes, qui sont presque toutes simples.
Craie de Villedieu, Touraine.

Fig. 2a. — **Gauthiericeras bajuvaricum**, Redtenbacher, sp. (p. 88). — Individu (Collection de l'École des mines) vu de côté.
Calcaires de la base de la craie de Villedieu.
Carrières de la Ribochère, commune de Couture (Loir-et-Cher).

Fig. 2b. — Le même, vu du côté ventral.

Fig. 3a. — **Gauthiericeras bajuvaricum**, Redtenbacher, sp. (p. 88). — Individu (Collection de l'abbé Bourgeois, à Pontlevoy) vu de côté.
Calcaires de la base de la craie de Villedieu.
Carrières de la Ribochère, commune de Couture (Loir-et-Cher).

Fig. 3b. — Le même, vu du côté ventral.

Fig. 4a. — **Peroniceras westphalicum**, Schlüter, sp. (p. 98). — Individu (Collection Le Mesle) vu de côté pour montrer les côtes, tantôt simples, tantôt bifides, qui ornent les flancs.
Calcaires durs de la base de la craie de Villedieu.
Carrières de la Ribochère, commune de Couture (Loir-et-Cher).

Fig. 4b. — Le même, vu du côté ventral.

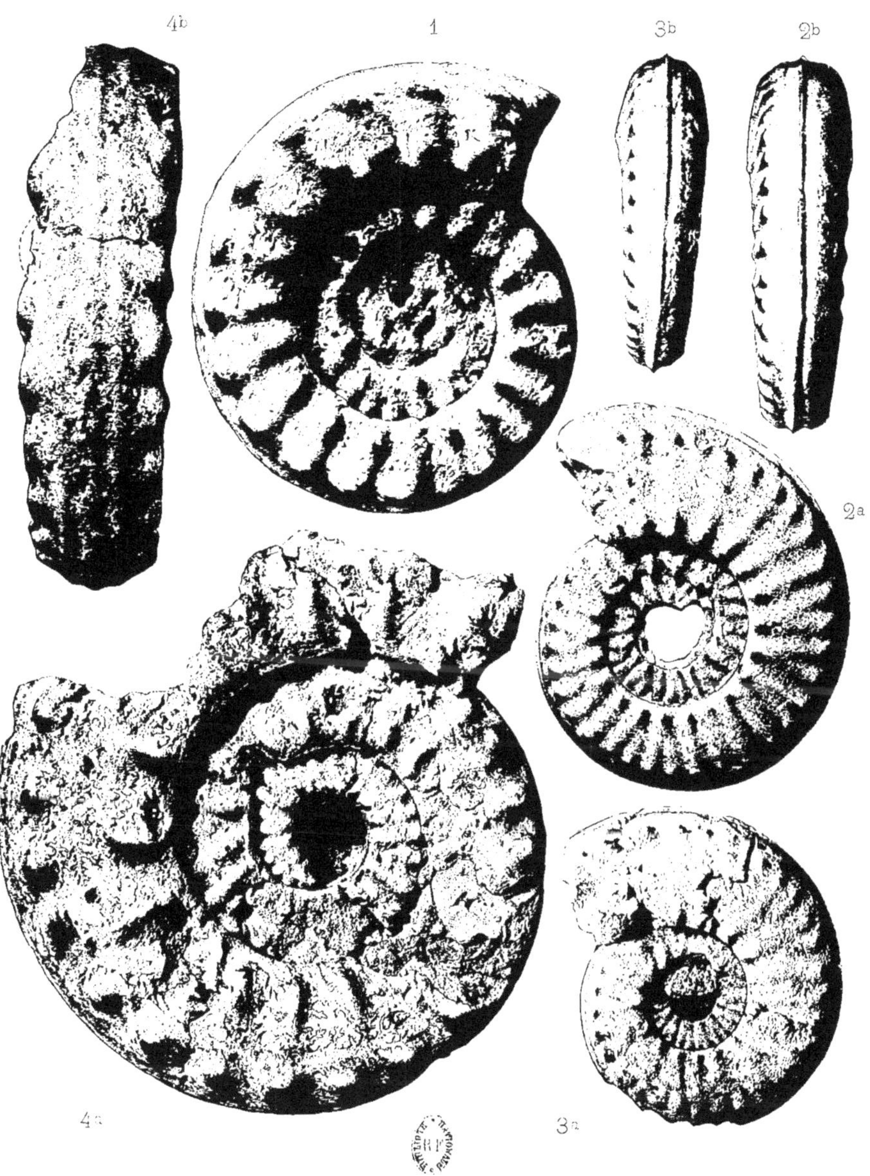
4b
1
3b
2b
2a
4a
3a

PLANCHE XIII

PLANCHE XIII.

2

1b

1a

3b

3a

Procédé G. Pilarski, A. Murat & C.ᵉ

Sohier correxit

PLANCHE XIV

PLANCHE XIV.

EXPLICATION DES FIGURES.

Fig. 1ᵃ. — **Mortoniceras Zeilleri**, A. DE GROSSOUVRE, n. sp. (p. 67). — Individu (Collection de la Sorbonne) vu de côté, montrant des côtes droites, radiales, surélevées au voisinage de l'ombilic et portant trois tubercules à leur extrémité externe, mais la distance entre le premier tubercule du côté interne et le second est beaucoup plus grande que celle de celui-ci au dernier, caractère qui distingue cette espèce de *M. serrato-marginatum*.

Calcaires de la base de la craie de Villedieu.

Carrière de la Ribochère, commune de Couture (Loir-et-Cher).

Fig. 1ᵇ. — Le même, vu du côté ventral.

Fig. 2ᵃ. — **Mortoniceras Bourgeoisi**, D'ORBIGNY, sp. emend. A. DE GROSSOUVRE (p. 73). — Individu (Collection Le Mesle) vu de côté.

Couche à *Ostrea auricularis* de la partie moyenne de la craie de Villedieu.

Carrières de la Ribochère, commune de Couture (Loir-et-Cher).

Fig. 2ᵇ. — Section du tour du précédent.

Fig. 2ᶜ. — Partie centrale du précédent, après enlèvement d'une portion du dernier tour, de manière à marquer l'ornementation du jeune, qui consiste en côtes de force inégale, légèrement flexueuses.

Fig. 3ᵃ. — **Mortoniceras Bourgeoisi**, D'ORBIGNY, sp. emend. A. DE GROSSOUVRE (p. 73). — Individu (Collection le Mesle) vu de côté, à ombilic un peu plus grand que le précédent.

Couche à *Ostrea auricularis* de la partie moyenne de la craie de Villedieu.

Carrières de la Ribochère, commune de Couture (Loir-et-Cher).

Fig. 3ᵇ. — Le même, vu du côté ventral.

Fig. 4. — **Mortoniceras Bourgeoisi**, D'ORBIGNY, sp. emend. A. DE GROSSOUVRE (p. 73). — Individu (Collection Le Mesle) de petite taille, à ombilic un peu plus large que celui de la figure 2, et montrant une ornementation un peu plus accentuée.

Couche à *Ostrea auricularis* de la partie moyenne de la craie de Villedieu.

Carrières de la Ribochère, commune de Couture (Loir-et-Cher).

Fig. 5. — **Mortoniceras Bourgeoisi**, D'ORBIGNY, sp. emend. A. DE GROSSOUVRE (p. 73). — Individu de taille moyenne (Collection A. de Grossouvre) à ombilic relativement large et à ornementation plus accentuée.

Couche à *Ostrea auricularis* de la partie moyenne de la craie de Villedieu.

Carrières de la Ribochère, commune de Couture (Loir-et-Cher).

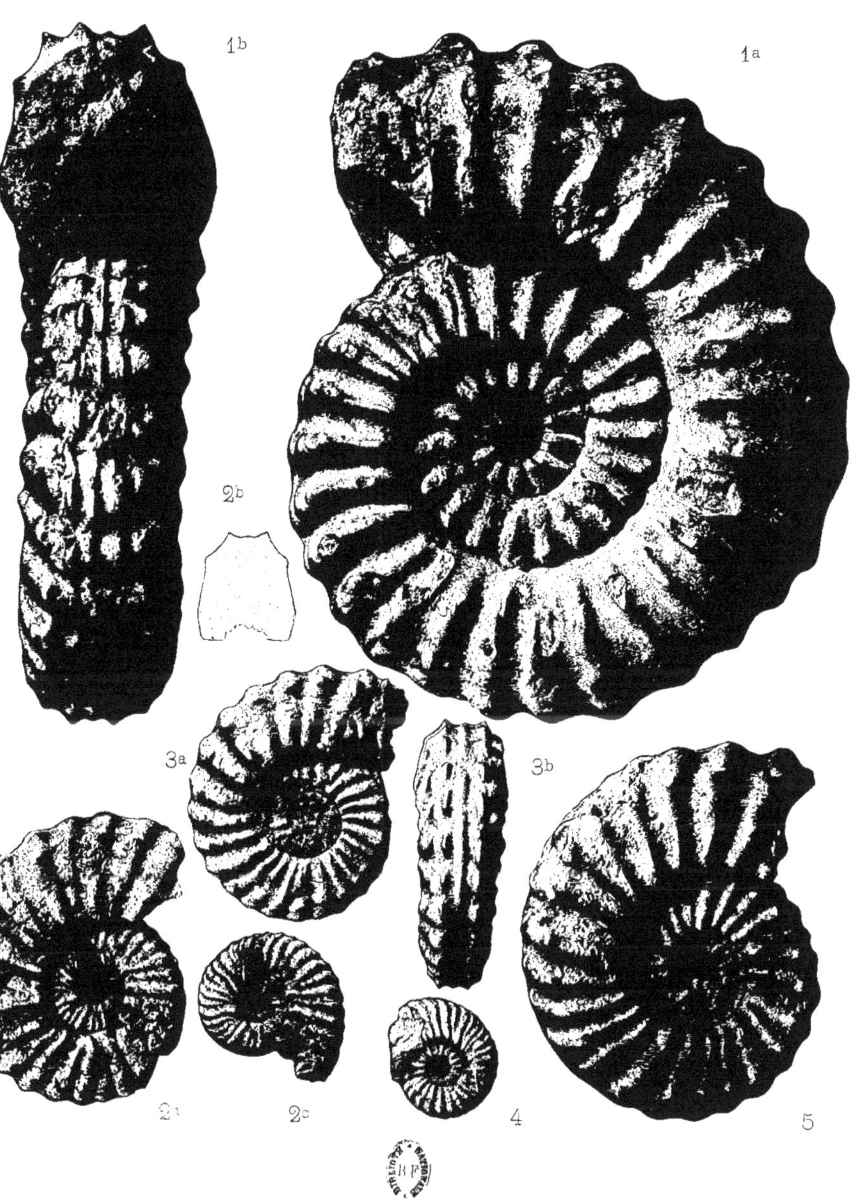

Sohier correxit

PLANCHE XV

PLANCHE XV.

EXPLICATION DES FIGURES.

Fig. 1ᵃ. — **Gauthiericeras Margæ**, Schlüter, sp. (p. 90). — Individu de taille moyenne (Collection G. de Grossouvre) vu de côté, montrant l'ornementation de l'adulte, qui consiste en côtes simples, légèrement sinueuses, un peu infléchies en avant. On voit cependant encore sur le dernier tour une côte bifide.
Calcaires durs de la base de la craie de Villedieu.
Carrières de la Ribochère, commune de Couture (Loir-et-Cher).

Fig. 1ᵇ. — Le même, vu du côté ventral.

Fig. 2ᵃ. — **Gauthiericeras Margæ**, Schlüter, sp. (p. 90). — Individu de petite taille (Collection A. de Grossouvre) vu de côté, montrant des côtes tantôt simples, tantôt bifides. On peut voir que la quille ventrale est dentelée.
Calcaires durs de la base de la craie de Villedieu.
Carrières de la Ribochère, commune de Couture (Loir-et-Cher).

Fig. 2ᵇ. — Le même, vu du côté ventral, l'ouverture en arrière.

Fig. 2ᶜ. — Le même, vu du côté ventral, représenté de manière à montrer la section des tours.

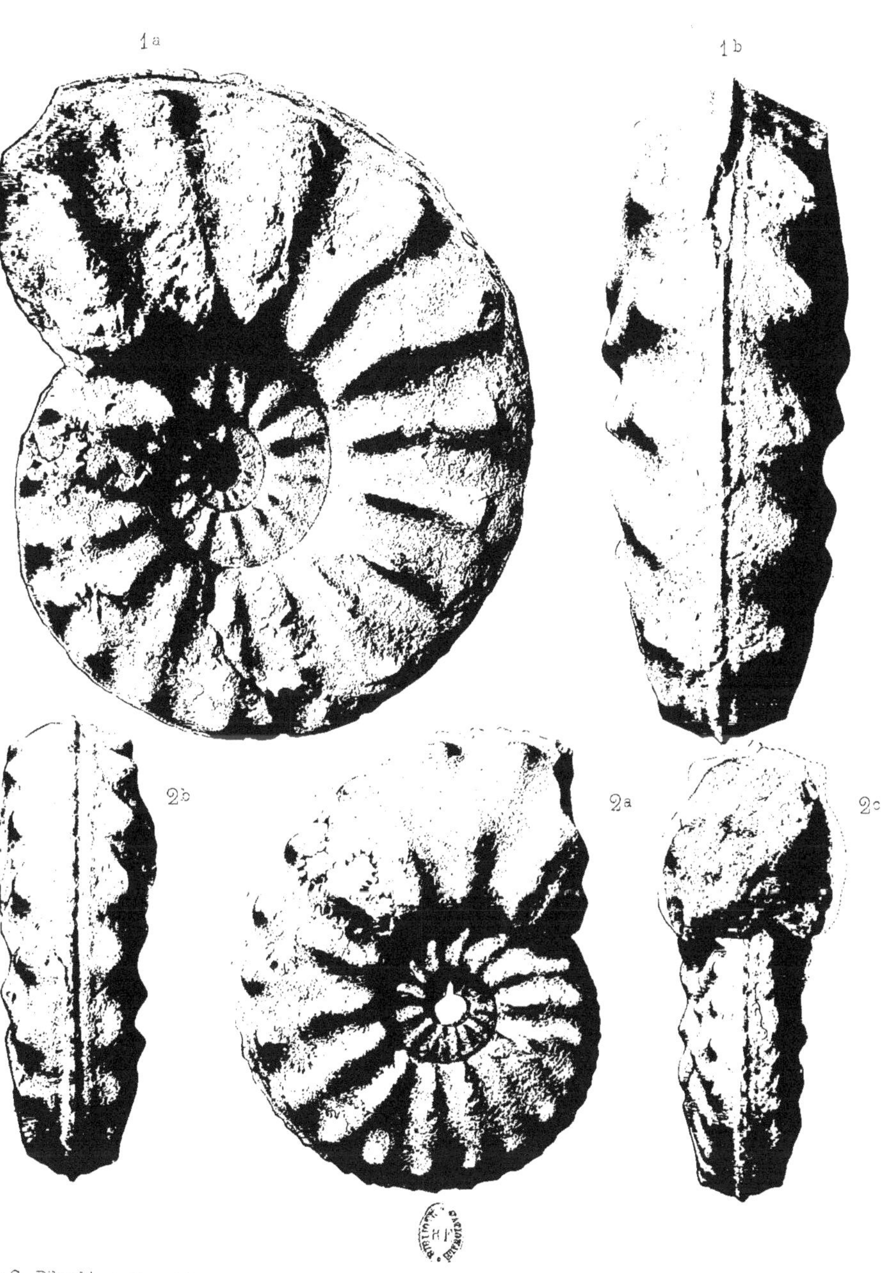

1a
1b
2b
2a
2c

PLANCHE XVI

PLANCHE XVI.

EXPLICATION DES FIGURES.

FIG. 1ª. — **Mortoniceras serrato-marginatum**, REDTENBACHER, sp. (p. 69). — Individu (Collection A. de Grossouvre) vu de côté pour montrer l'ornementation des flancs composée de côtes légèrement flexueuses, un peu obliques en avant, terminées par trois tubercules dont les deux premiers, assez rapprochés, semblent souvent réunis en un tubercule unique bifide.

Couche à *Ostrea auricularis* de la partie moyenne de la craie de Villedieu.

Carrières de la Ribochère, commune de Couture (Loir-et-Cher).

FIG. 1ᵇ. — Le même, vu du côté ventral.

FIG. 2. — **Mortoniceras texanum**, F. RÖMER, sp. (p. 80). — Individu de petite taille (Collection Arnaud) vu de côté et montrant des côtes tantôt simples, tantôt partant par paires d'un tubercule ombilical et ornées de cinq rangées de tubercules.

Étage santonien. Assise M^2 de M. Arnaud.

Nieul-le-Virouil (Charente-Inférieure).

FIG. 3ª. — **Mortoniceras texanum**, F. RÖMER, sp. (p. 80). — Individu de plus petite taille encore (Collection Rejaudry), vu de côté.

Étage santonien. Assise M^2 de M. Arnaud.

Nieul-le-Virouil (Charente-Inférieure).

FIG. 3ᵇ. — Le même, vu du côté ventral pour montrer la forme de la section des tours.

FIG. 4ª. — **Mortoniceras texanum**, F. RÖMER, sp. (p. 80). — Fragment d'un individu de petite taille (Collection Arnaud) vu de côté.

Étage santonien. Assise M^2 de M. Arnaud.

Nieul-le-Virouil (Charente-Inférieure).

FIG. 4ᵇ. — Le même, vu du côté ventral.

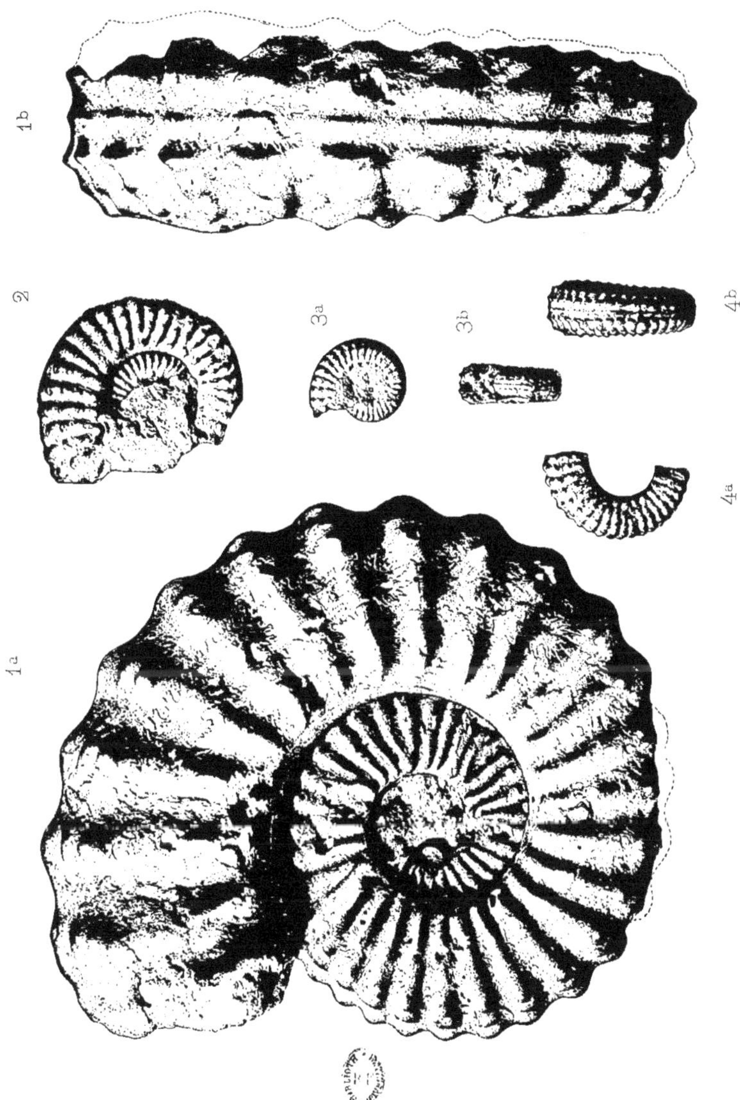

Procédé G. Pilarski, A. Murat & C.

PLANCHE XVII

PLANCHE XVII.

EXPLICATION DES FIGURES.

FIG. 1[a]. — **Mortoniceras texanum**, F. RÖMER, sp. (p. 80). — Individu de grande taille (Collection Toucas), vu de côté pour montrer les cinq rangées de tubercules qui caractérisent cette espèce.

Marnes bleues à petits fossiles, situées au bas du chemin de Sougraignes aux Croutets (Aude), sous la couche à *Lima marticensis*.

FIG. 1[b]. — Le même, vu du côté ventral.

FIG. 2. — **Mortoniceras Bontanti**, A. DE GROSSOUVRE, nov. sp. (p. 77). — Individu type de l'espèce (Collection A. de Grossouvre), vu de côté.

Couche à *Ostrea auricularis* de la partie moyenne de la craie de Villedieu.

Carrières de la Ribochère, commune de Couture (Loir-et-Cher).

FIG. 3[a]. — **Mortoniceras Bontanti**, A. DE GROSSOUVRE, nov. sp. (p. 77). — Individu (Collection de l'abbé Bourgeois) vu de côté, à ombilic plus large que le précédent et à évolution plus rapide, car il montre, à l'extrémité du dernier tour, sa dernière loge et un mode d'ornementation différent de celui des premiers tours.

Couche à *Ostrea auricularis* de la partie moyenne de la craie de Villedieu.

Carrières de la Ribochère, commune de Couture (Loir-et-Cher).

FIG. 3[b]. — Le même, vu du côté ventral.

Sohier correxit.

PLANCHE XVIII

38.

PLANCHE XVIII.

EXPLICATION DE LA FIGURE.

Pachydiscus Linderi, A. DE GROSSOUVRE, nov. sp. (p. 1..). — Individu de grande taille
(Collection A. de Grossouvre), vu de côté et montrant sur le dernier tour des côtes
alternativement longues et courtes.

Partie inférieure de l'étage sénonien.

Environs de Padern (Aude).

xeda G. Polarski.   A. Murat & C⁹

Sohier correxit.

PLANCHE XIX

PLANCHE XIX.

EXPLICATION DES FIGURES.

Fig. 1ᵃ. — **Pachydiscus Launayi**, A. de Grossouvre, nov. sp. (p. 184). — Individu
(Collection Arnaud) vu de côté.

> Étage campanien. Partie inférieure de l'assise P¹ de M. Arnaud.
> Voulgézac (Charente).

Fig. 1ᵇ. — Le même, vu du côté ventral.

Procédé G. Pilarski, A. Murat & C⁰

Sohier Correxit

PLANCHE XX

PLANCHE XX.

<hr>

EXPLICATION DES FIGURES.

Fig. 1ᵃ. — **Pachydiscus dülmensis**, Schlüter, sp. (p. 199). — Individu de grande
taille (Collection Arnaud), vu de côté.
Étage campanien. Partie inférieure de l'assise P¹ de M. Arnaud.
Le Maine-Bardon (Charente).

Fig. 1ᵇ. — Le même, vu du côté ventral.

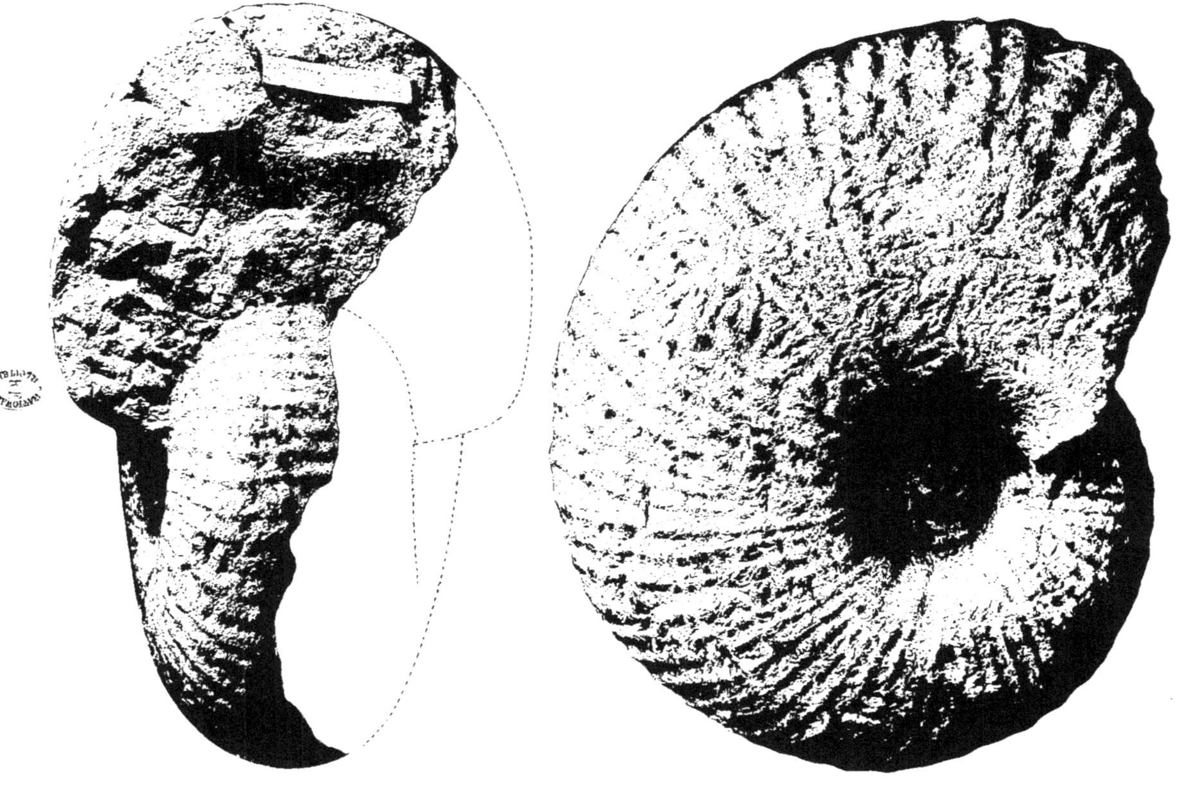

Procédé G. Pilarski, A. Murat & C⁰

Sohier Correxit

PLANCHE XXI

PLANCHE XXI.

EXPLICATION DE LA FIGURE.

Pachydiscus Levyi, A. DE GROSSOUVRE, nov. sp. (p. 178). — Individu (Collection de la Sorbonne) type de l'espèce, de grande taille, montrant sur le dernier tour le passage de l'ornementation des premiers tours à celle de l'adulte.

L'échantillon est un peu aplati et déformé; la section des tours est sub-ovolaire et a sa plus grande largeur au voisinage de l'ombilic.

Carrières de Contes-les-Pins (Alpes-Maritimes).

Sohier correxit

PLANCHE XXII

PLANCHE XXII.

EXPLICATION DES FIGURES.

Fig. 1ᵃ. — **Pachydiscus Oldhami**, Sharpe, sp. — Échantillon de grande taille (Collection du Musée de Bordeaux), vu de côté.

Assise Q de M. Arnaud.

Falaises de la Gironde, à Saint-Georges, près Royan (Charente-Inférieure).

Fig. 1ᵇ. — Le même, vu du côté ventral.

Fig. 2. — **Pachydiscus isculensis**, Redtenbacher, sp. (p. 185). — Individu (Collection Arnaud) vu de côté.

Campanien inférieur. Partie inférieure de l'assise P¹ de M. Arnaud.

Éraville (Charente).

Fig. 3ᵃ. — **Scaphites Potieri**, A. de Grossouvre, nov. sp. (p. 241). — Individu (Collection du Musée d'Angers) vu de côté.

Calcaires durs de la partie inférieure de la craie de Villedieu.

Carrières de la Ribochère, commune de Couture (Loir-et-Cher).

Fig. 3ᵇ. — Le même, vu du côté ventral.

Fig. 4ᵃ. — **Sonneratia Janeti**, A. de Grossouvre, nov. sp. (p. 145). — Individu (Collection Le Mesle) vu de côté.

Calcaires durs de la partie inférieure de la craie de Villedieu.

Carrières de la Ribochère, commune de Couture (Loir-et-Cher).

Fig. 4ᵇ. — Le même, vu du côté ventral.

Fig. 5. — **Puzosia Le Marchandi**, A. de Grossouvre, nov. sp. (p. 173). — Individu (Collection Péron) vu de côté.

Calcaires durs de la base de l'étage coniacien.

Environs de Montferrand (Aude).

Fig. 6. — **Pachydiscus Oldhami**, Sharpe, sp. (p. 182). — Individu jeune (Collection Boreau-Lajanadie), vu de côté.

Assise Q de M. Arnaud.

Aubeterre (Charente).

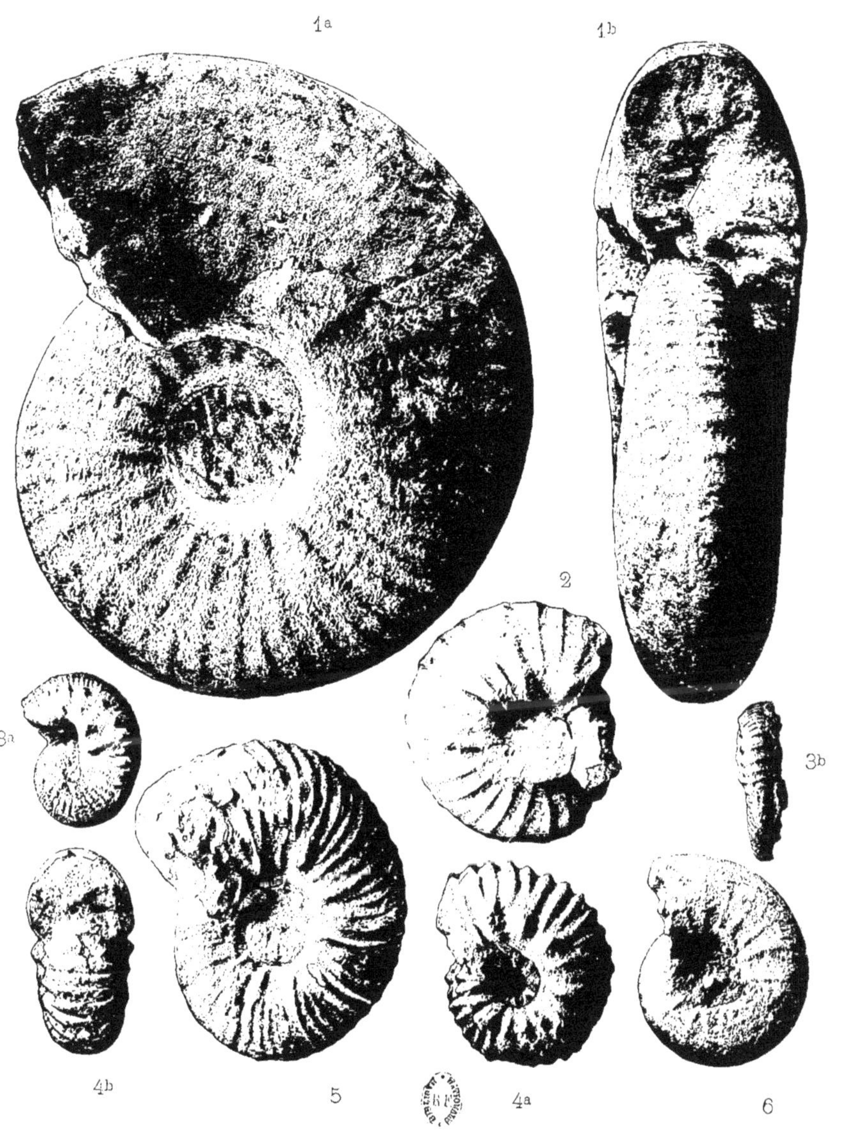

1a
1b
2
3a
3b
4b
5
4a
6

PLANCHE XXIII

PLANCHE XXIII.

EXPLICATION DES FIGURES.

Fig. 1a. — **Pachydiscus Brandti**, Redtenbacher, sp. (p. 192). — Individu adulte (Collection Fallot) vu de côté, montrant l'ornementation caractéristique de l'échantillon figuré par Redtenbacher.
Grande carrière de Tercis (Landes).

Fig. 1b. — Le même, vu du côté ventral.

Fig. 2. — **Pachydisous Brandti**, Redtenbacher, sp. (p. 192). — Individu de taille moyenne (Collection Arnaud), vu de côté, montrant le passage de l'ornementation de l'âge moyen à celle de l'adulte.
Grande carrière de Tercis (Landes).

Fig. 3a. — Le même, vu de côté, après avoir enlevé une partie du dernier tour.

Fig. 3b. — Le même, section des tours à l'extrémité.

Fig. 4a. — **Hoplites Lafresnayei**, d'Orbigny, sp. (p. 121). — Individu (Collection de la Sorbonne) vu de côté, ayant servi de type à d'Orbigny pour l'établissement de cette espèce.
Calcaire à baculites du Cotentin.
Fresville (Manche).

Fig. 4b. — Le même, vu du côté ventral pour montrer les deux rangées de tubercules qui se trouvent de part et d'autre du bord ventral.

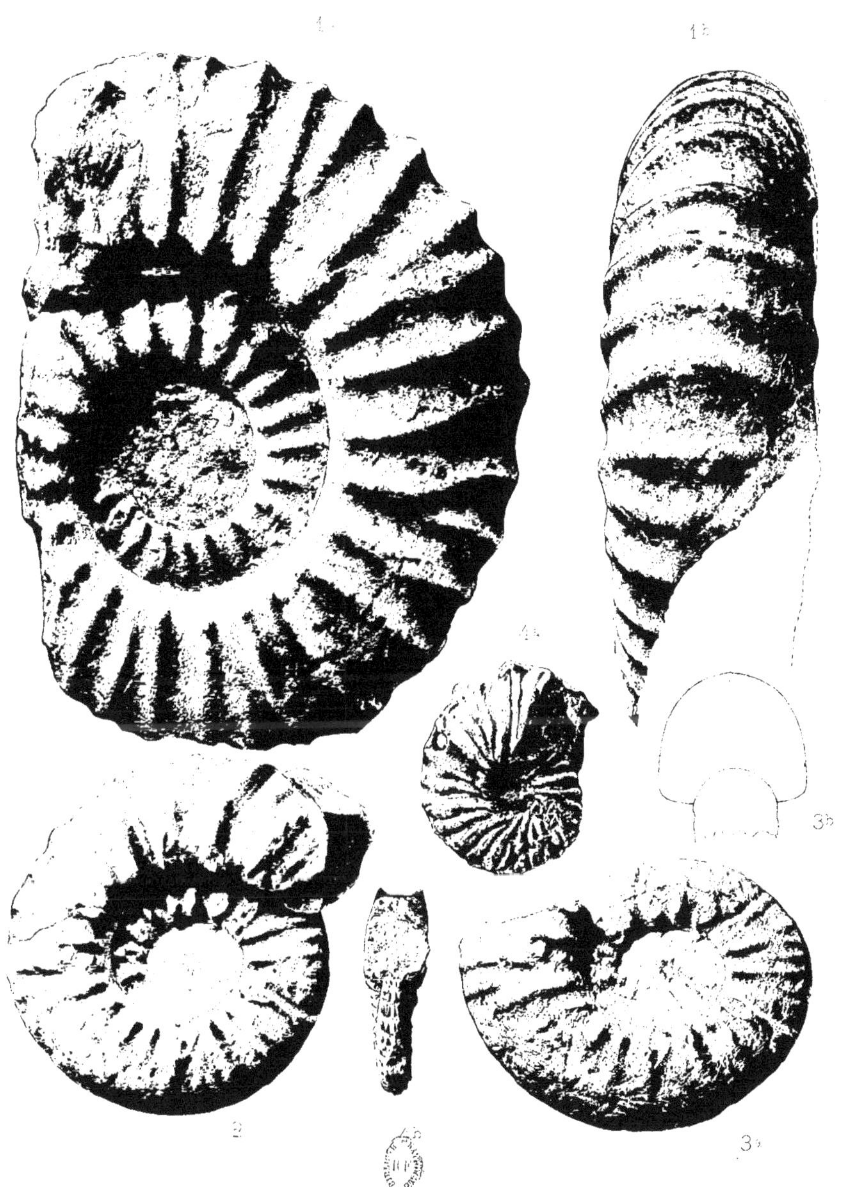

PLANCHE XXIV

PLANCHE XXIV.

EXPLICATION DES FIGURES.

Fɪɢ. 1ᵃ. — **Pachydiscus colligatus**, v. Bɪɴᴋʜᴏʀsᴛ, sp, emend. A. ᴅᴇ Gʀᴏssᴏᴜᴠʀᴇ (p. 202).
— Individu (Collection A. de Grossouvre) vu de côté pour montrer l'ornementation des flancs et la disposition des côtes dans la région ombilicale
à l'extrémité du dernier tour.

Calcaires durs à stegasters des carrières situées sur la route de Gan à
Rébenacq (Basses-Pyrénées).

Fɪɢ. 1ᵇ. — Le même, vu du côté ventral.

Fɪɢ. 2ᵃ. — **Schlüteria Rousseli**, A. ᴅᴇ Gʀᴏssᴏᴜᴠʀᴇ, nov. sp. (p. 217). — Individu
(Collection A. de Grossouvre) vu de côté, montrant l'ornementation caractéristique des espèces de ce genre.

Calcaires marneux jaunes à *Lima marticensis*, situés immédiatement au-
dessus des marnes bleues qui se trouvent au bas du chemin de Sougraignes
aux Croutets (Aude).

Fɪɢ. 2ᵇ. — Le même, vu de côté.

Fɪɢ. 3. — **Pachydiscus colligatus**, v. Bɪɴᴋʜᴏʀsᴛ, sp. emend. A. ᴅᴇ Gʀᴏssᴏᴜᴠʀᴇ (p. 202).
— Tours intérieurs de l'échantillon de la figure 1, visibles sur la face
interne du fragment détaché par la cassure.

Fɪɢ. 4. — **Pachydiscus Linderi**, A. ᴅᴇ Gʀᴏssᴏᴜᴠʀᴇ, nov. sp. (p. 188). — Individu (Collection Joseph Jean) vu de côté pour montrer l'ornementation des flancs.

La section des tours est ovalaire, beaucoup plus haute que large.

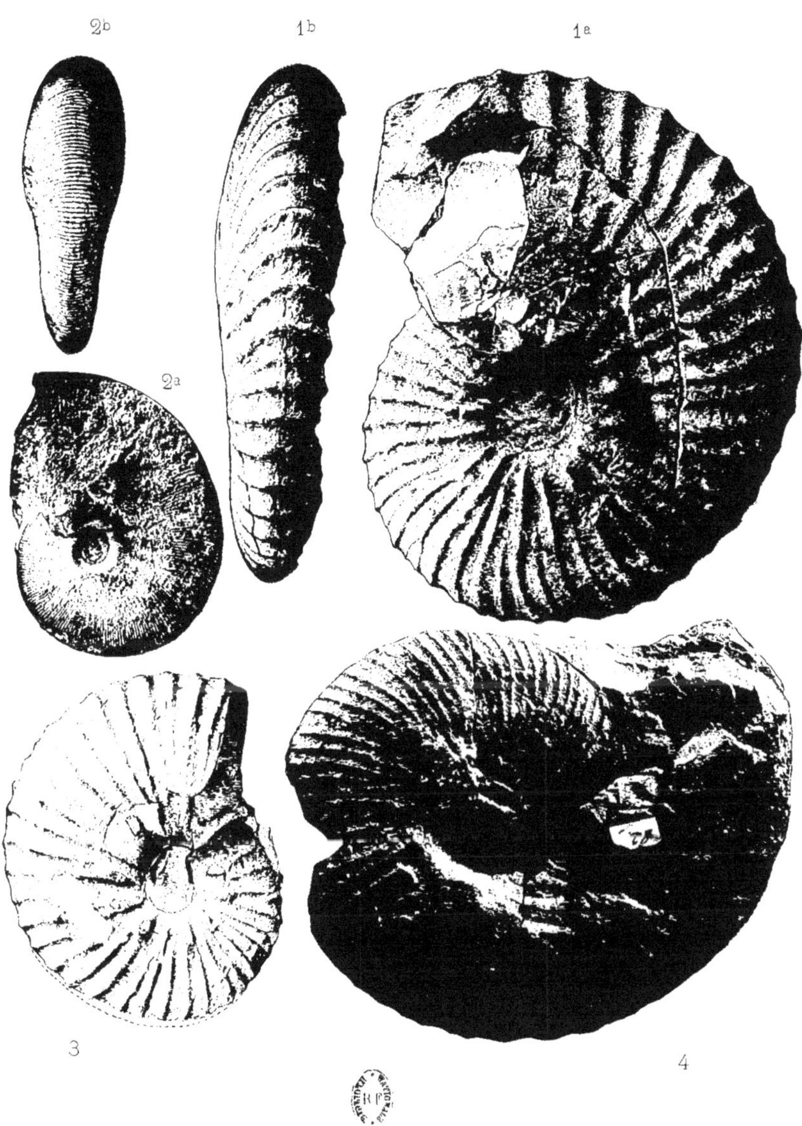

Sohier correxit

PLANCHE XXV

PLANCHE XXV.

EXPLICATION DES FIGURES.

FIG. 1^a. — **Desmoceras ponsianum**, A. DE GROSSOUVRE, nov. sp. (p. 167). — Échantillon (Collection Arnaud) type de l'espèce, vu de côté.
Calcaires durs du coniacien. Assises L^1 de M. Arnaud.
Environs de Pons.

FIG. 1^b. — Le même, vu du côté ventral.

FIG. 2^a. — **Desmoceras pyrenaïcum**, A. DE GROSSOUVRE, nov. sp. (p. 168). — Échantillon (Collection Toucas) type de l'espèce, vu de côté.
Marnes bleues situées au-dessous du banc à *Lima marticensis*, sur le chemin de Sougraignes aux Croutets (Aude).

FIG. 2^b. — Le même, vu du côté ventral.

FIG. 3. — **Pachydiscus Carezi**, A. DE GROSSOUVRE, nov. sp. (p. 190). — Échantillon (Collection Carez) type de l'espèce, vu de côté.
Couches à micrasters des environs de Rennes-les-Bains (Aude).

FIG. 4^a. — **Sonneratia Savini**, A. DE GROSSOUVRE, nov. sp. (p. 152). — Échantillon (Collection Toucas) type de l'espèce, vu de côté; il est très déformé à cause de la compression qu'il a subie.
Marnes bleues situées au-dessous du banc à *Lima marticensis*, sur le chemin de Sougraignes aux Croutets (Aude).

FIG. 4^b. — Le même, vu du côté ventral.

FIG. 5^a. — **Desmoceras ponsianum**, A. DE GROSSOUVRE, nov. sp. (p. 167). — Échantillon (Collection de l'abbé Bourgeois) vu de côté.
Calcaires durs de la base de la craie de Villedieu.
Carrières de la Ribochère, commune de Couture (Loir-et-Cher).

FIG. 5^b. — Le même, vu du côté ventral.

Procédé G. Pilarski, A. Murat et Cie   Sohier correxit

PLANCHE XXVI

PLANCHE XXVI.

EXPLICATION DES FIGURES.

Fig. 1ᵃ. — **Pachydiscus isculensis**, Redtenbacher, sp. (p. 185). — Individu (Collection de l'École des mines) vu de côté, montrant des côtes alternativement longues et courtes.

Couches marneuses intercalées entre les bancs inférieurs à rudistes du chemin de Sougraignes aux Croulets (Aude).

Fig. 1ᵇ. — Le même, vu du côté ventral.

Fig. 2ᵃ. — **Scaphites Verneuili**, d'Orbigny, sp. (p. 253). — Individu (Collection de la Sorbonne) ayant servi de type. à d'Orbigny pour la définition d'*Am. Verneuili*, vu de côté.

Calcaire à baculites du Cotentin.

Fresville, près Valognes (Manche).

Fig. 2ᵇ. — Le même, vu du côté ventral.

Fig. 3ᵃ. — **Pachydiscus neubergicus**, F. von Hauer, sp. emend., A. de Grossouvre (p. 207). — Individu (Collection de l'École des mines) vu de côté, montrant sur le dernier tour le passage de l'ornementation du jeune à celle de l'âge moyen.

Calcaire à baculites du Cotentin.

Environs de Fresville (Manche).

Fig. 3ᵇ. — Le même, vu du côté ventral.

Fig. 4. — **Gaudryceras mite**, F. von Hauer (p. 227). — Individu (Collection A. de Grossouvre) vu de côté, montrant l'ornementation caractéristique des formes de ce genre.

Marnes bleues à *Mortoniceras texanum* sur le chemin de Sougraignes aux Croulets (Aude).

Fig. 5. — **Pachydiscus Jeani**, A. de Grossouvre, n. sp. (p. 187). — Individu (Collection J. Jean) vu de côté.

Environs de Sougraignes (Aude).

Marnes ferrugineuses à *Placenticeras syrtale*.

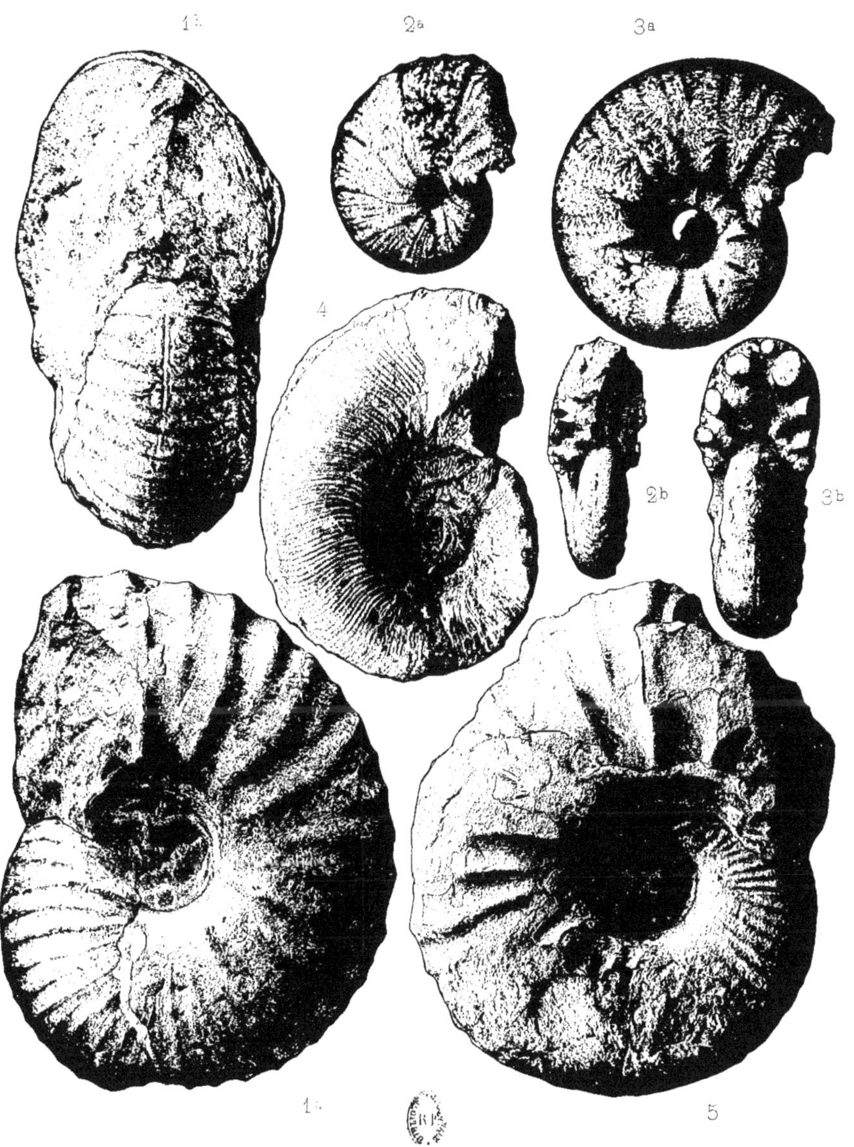

1a
2a
3a
4
2b
3b
1b
5

PLANCHE XXVII

PLANCHE XXVII.

EXPLICATION DES FIGURES.

Fig. 1ᵃ. — **Puzosia corbarica**, A. DE GROSSOUVRE, nov. sp. (p. 174). — Individu (Collection Toucas) type de l'espèce, vu de côté pour montrer l'ornementation caractéristique des ammonites de la série d'*Am. subplanulatus*.

Calcaires marneux inférieurs au banc à *Lima marticensis* de la montée de Sougraignes aux Croutets (Aude).

Fig. 1ᵇ. — Le même, vu du côté ventral.

Fig. 2. — **Gaudryceras planorbiforme**, J. Böhm, sp. (p. 231). — Individu (Collection Arnaud) vu de côté, montrant à l'extrémité du dernier tour un fragment de l'ornementation qui caractérise le jeune âge de cette espèce.

Grande carrière de Tercis (Landes).

Fig. 3ᵃ. — **Hauericeras Fayoli**, A. DE GROSSOUVRE, nov. sp. (p. 221). — Individu (Collection Arnaud) type de l'espèce, vu de côté.

Marnes à *Orbitoïdes media* des environs de Montmoreau. Assise Q de M. Arnaud.

Fig. 3ᵇ. — Le même, vu du côté ventral; le bord ventral est nettement caréné sur les parties bien conservées, et il est fort probable qu'il portait une quille comme les autres formes de cette série.

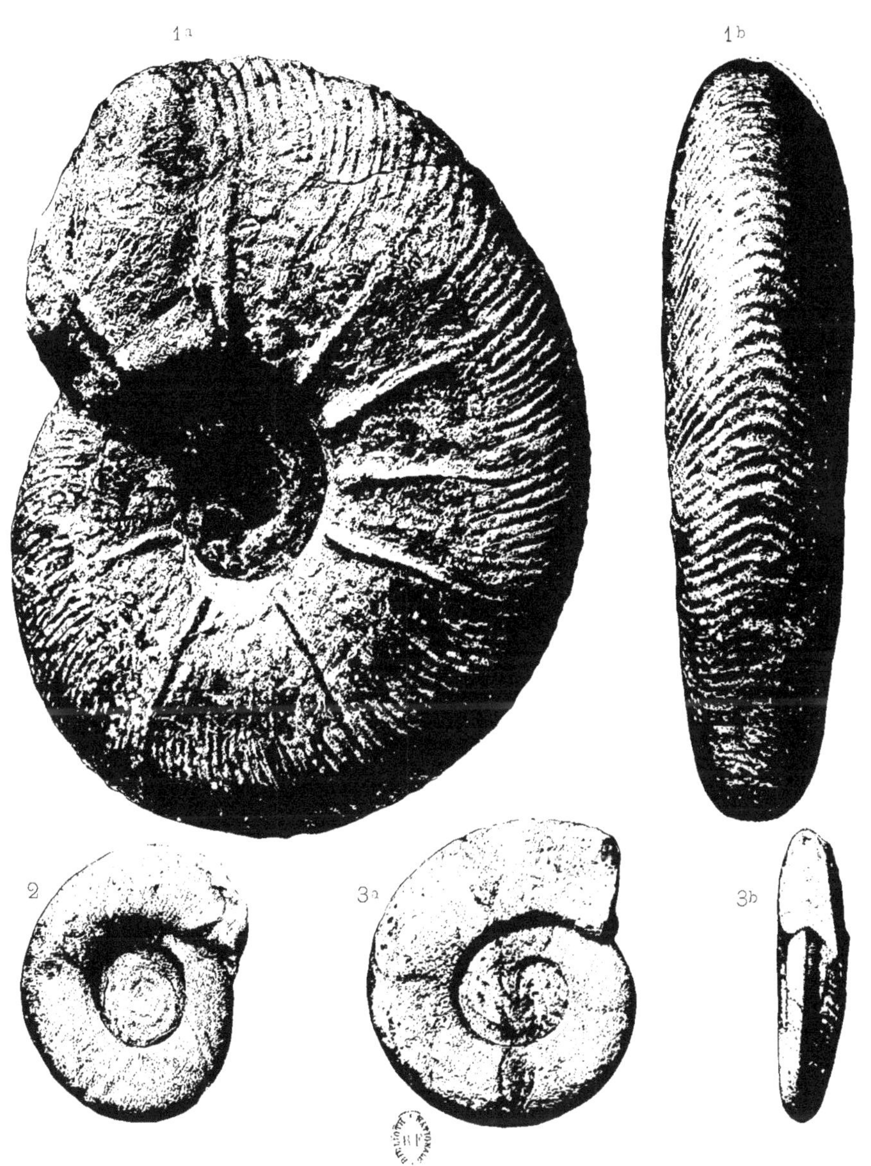

1ᵃ
1ᵇ
2
3ᵃ
3ᵇ

PLANCHE XXVIII

PLANCHE XXVIII.

EXPLICATION DE LA FIGURE.

Sonneratia Daubréei, A. DE GROSSOUVRE, nov. sp. (p. 154). — Individu (Collection de l'École des mines) ayant conservé son test, vu de côté pour montrer l'ornementation très caractéristique de ses flancs.

Marnes bleues à *Mortoniceras texanum*, situées sous le banc à *Lima marticensis*, au bas du chemin de Sougraignes aux Croutets (Aude).

La section des tours est subovalaire, la plus grande épaisseur étant au voisinage de l'ombilic. L'échantillon figuré a été aplati par compression.

Imprimé par G. Gillot, 2. — A. Murat et Cie

Sohier correxit

PLANCHE XXIX

PLANCHE XXIX.

EXPLICATION DES FIGURES.

Fig. 1ª. — **Muniericeras Lapparenti**, A. DE GROSSOUVRE, nov. sp. (p. 158). — Individu (Collection A. de Grossouvre) vu de côté, type de l'espèce.
Couches sénoniennes inférieures des environs de Bugarach (Aude).

Fig. 1ᵇ. — Le même, vu du côté ventral pour montrer les crénelures de la carène, dues au passage des côtes sur le bord siphonal; on remarque à l'extrémité du dernier tour deux côtes se bifurquant, un peu avant leur passage sur la carène.

Fig. 2. — **Pachydiscus Sayni**, A. DE GROSSOUVRE, nov. sp. (p. 181). — Individu (Collection Sayn) vu de côté. Environs d'Allons (Basses-Alpes).

Fig. 3ª. — **Pachydiscus ambiguus**, A. DE GROSSOUVRE, n. sp. (p. 181). — Individu (Collection Arnaud) vu de côté, montrant la même ornementation que celui figuré par M. Schlüter (Pl. XXII, fig. 6 et 7).
Couches inférieures de l'assise P³ de M. Arnaud.
Tauillard (Charente).

Fig. 3ᵇ. — Le même, vu du côté ventral.

Fig. 4ª. — **Pachydiscus gollevillensis**, D'ORBIGNY, sp. (p. 214). — Individu (Collection de la Sorbonne) vu de côté.
Calcaire à baculites du Cotentin.
Environs de Fresville (Manche).

Fig. 4ᵇ. — Le même, vu du côté ventral.

Fig. 5. — **Muniericeras Lapparenti**, A. DE GROSSOUVRE, nov. sp. (p. 158). — Individu (Collection de l'École des mines) vu de côté, montrant un assez grand nombre de côtes bifurquées à leur extrémité.
Calcaires à micrasters, côté droit du chemin de Rennes-les-Bains à Montferrand (Aude).

Fig. 6ª. — **Schlönbachia Bertrandi**, A. DE GROSSOUVRE, nov. sp. (p. 114). — Individu (Collection A. de Grossouvre) vu de côté.
Calcaires marneux jaunes à *Lima marticensis*, situés immédiatement au-dessus des marnes bleues à *Mortoniceras texanum*, sur le chemin de Sougraignes aux Croutets (Aude).

Fig. 6ᵇ. — Le même, vu du côté ventral.

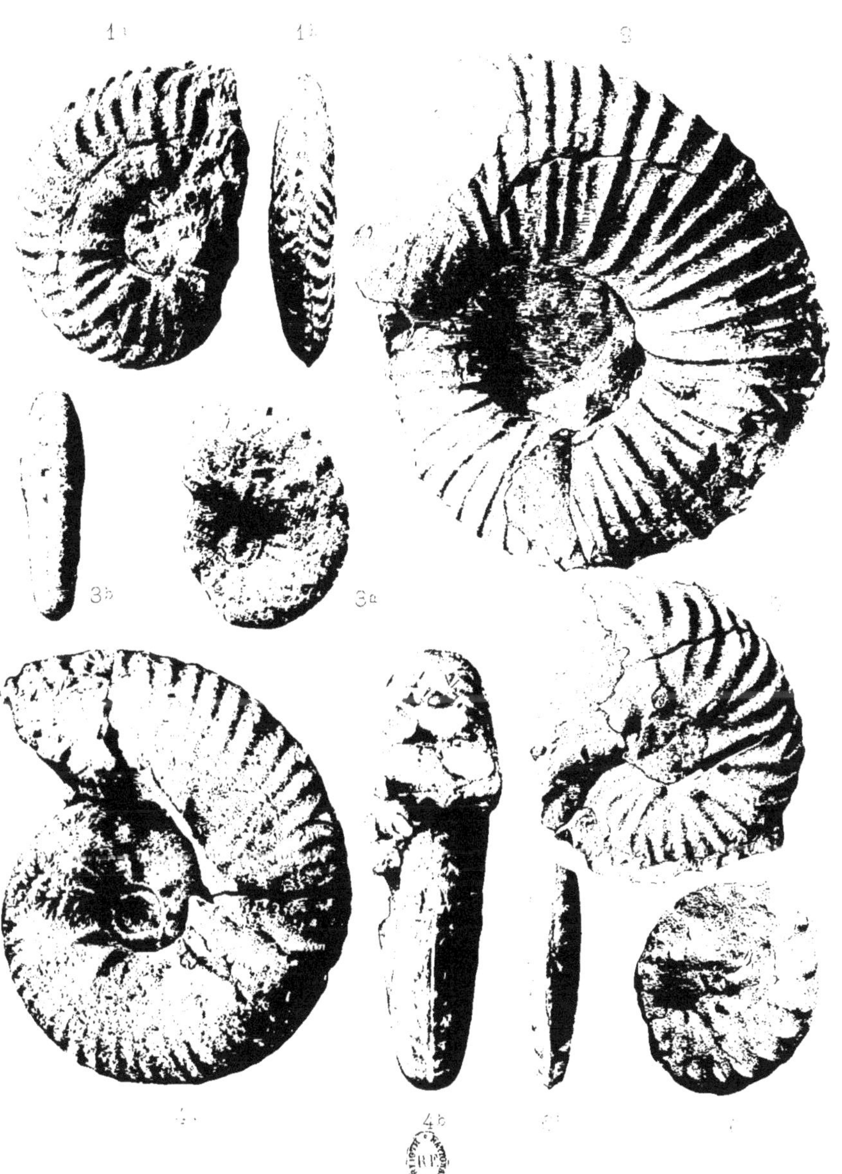

PLANCHE XXX

PLANCHE XXX.

EXPLICATION DES FIGURES.

FIG. 1. — **Pachydiscus Levyi**, A. DE GROSSOUVRE, nov. sp. (p. 178). — Individu (Collection de la Sorbonne) vu de côté pour montrer l'ornementation du jeune âge. L'échantillon a été déformé par une compression qui a donné aux côtes une inflexion en avant.
Carrières de Contes-les-Pins (Alpes-Maritimes).

FIG. 2. — **Pachydiscus Levyi**, A. DE GROSSOUVRE, nov. sp. (p. 178). — Fragment d'un individu (Collection de la Sorbonne) moins déformé que le précédent; il montre que les côtes radiales sont droites et normales à l'enroulement, sauf sur le pourtour externe, où elles s'infléchissent un peu en avant par l'effet de la déformation subie dans cette partie.
Carrières de Contes-les-Pins (Alpes-Maritimes).

FIG. 3. — **Pachydiscus Brandti**, REDTENBACHER, sp. var. *Pégoti*, A. DE GROSSOUVRE (p. 192). — Individu (Collection Arnaud) vu de côté, se distinguant du type par ses côtes plus fines et plus serrées.

FIG. 4ᵃ. — **Pachydiscus neubergicus**, F. VON HAUER, sp. emend., A. DE GROSSOUVRE (p. 207). — Individu (Collection Seunes) vu de côté, montrant sur le dernier tour le passage de l'ornementation de l'âge moyen à celle de l'adulte.
Calcaires à stegasters des carrières de la route de Gan à Rébenacq (Hautes-Pyrénées).

FIG. 4ᵇ. — Le même, vu du côté ventral.

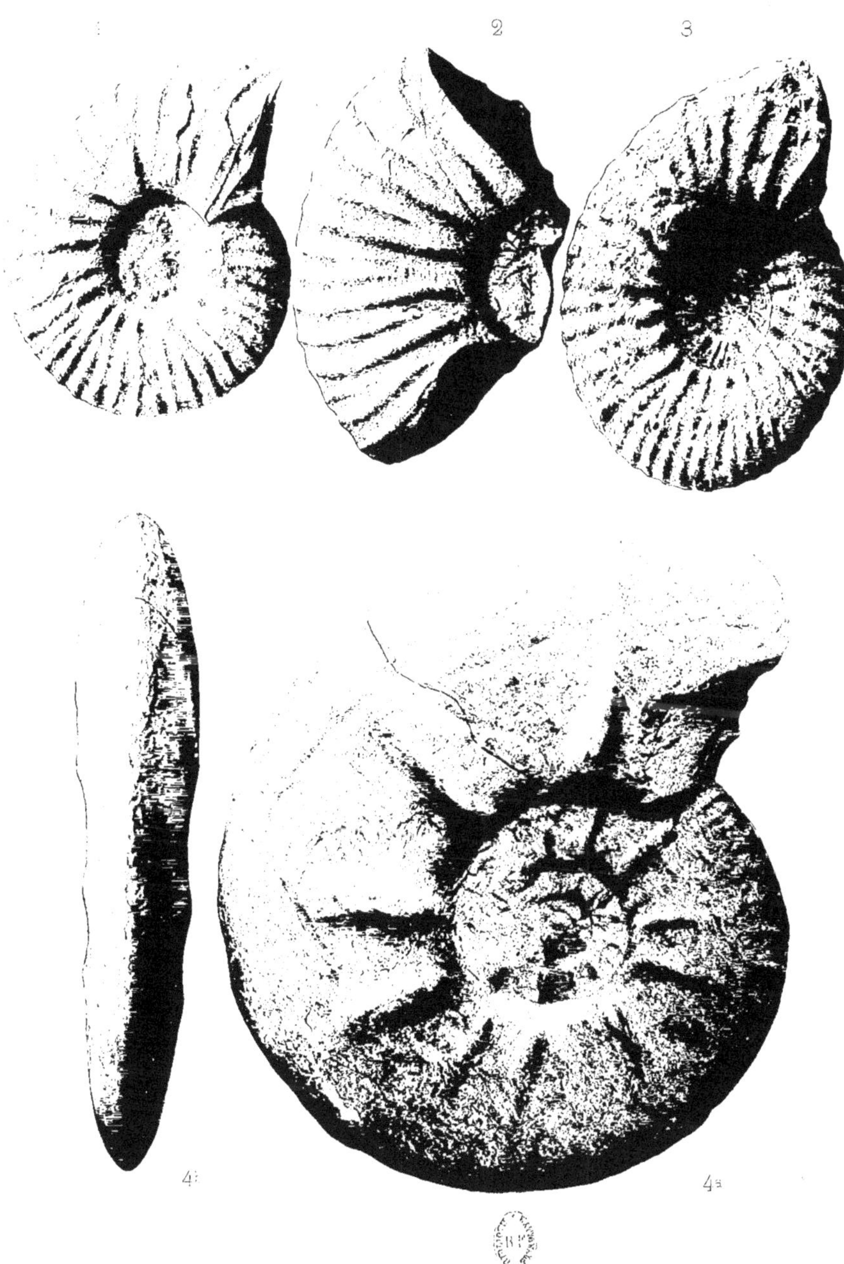
1
2
3
4
4a

PLANCHE XXXI

PLANCHE XXXI.

EXPLICATION DES FIGURES.

Fig. 1ᵃ. — **Scaphites constrictus**, Sowerby, sp. (p. 248). — Individu (Collection de l'École
des mines) de grande taille, vu de côté.
Calcaire à baculites du Cotentin.
Fresville, près Valognes (Manche).

Fig. 1ᵇ. — Le même, vu du côté ventral, la bouche en avant.

Fig. 1ᶜ. — Le même, vu du côté ventral, en arrière.

Fig. 2ᵃ. — **Scaphites constrictus**, Sowerby, sp. (p. 248). — Individu (Collection de l'École
des mines) de petite taille, vu de côté.
Calcaire à baculites du Cotentin.
Fresville, près Valognes (Manche).

Fig. 2ᵇ. — Le même, vu du côté ventral, en arrière.

Fig. 2ᶜ. — Le même, vu du côté ventral, la bouche en avant.

Fig. 3. — **Scaphites aquisgranensis**, Schlüter (p. 246). — Individu (Collection Boreau-
Lajanadie) vu de côté.
Étage campanien. Assise P¹ de M. Arnaud.
Montmoreau (Charente).

Fig. 4ᵃ. — **Scaphites aquisgranensis**, Schlüter (p. 246). — Individu (Collection Arnaud) vu
de côté.
Étage campanien. Assise P¹ de M. Arnaud.
Tranchée de Vaure, près Mensignac (Dordogne), sur la ligne de Périgueux à
Ribérac.

Fig. 4ᵇ. — Le même, vu du côté ventral.

Fig. 5ᵃ. — **Scaphites Haugi**, A. de Grossouvre, nov. sp. (p. 244). — Individu (Collection
Arnaud) vu de côté.
Couche inférieure de l'assise P³ de M. Arnaud.
Tauillard (Charente).

Fig. 5ᵇ. — Le même, vu du côté ventral.

Fig. 6ᵃ. — **Scaphites aquisgranensis**, Schlüter (p. 246). — Individu (Collection Boreau-
Lajanadie) de petite taille, vu de côté.
Étage campanien. Assise P¹ de M. Arnaud.
Livernant (Charente).

Fig. 6ᵇ. — Le même, vu du côté ventral.

Fig. 7. — **Scaphites constrictus**, Sowerby, sp. (p. 248). — Individu (Collection A. de Gros-
souvre), variété plate, vu de côté.
Calcaire à baculites du Cotentin.
Fresville, près Valognes (Manche).

Fig. 8ᵃ. — **Scaphites constrictus**, Sowerby, sp. (p. 248). — Individu (Collection A. de Gros-
souvre), variété plate et de grande taille, vu de côté.
Calcaire à baculites du Cotentin.
Fresville, près Valognes (Manche).

Fig. 8ᵇ. — Le même, vu du côté ventral.

Fig. 9ᵃ. — **Pachydiscus gollevillensis**, d'Orbigny, sp. (p. 214). — Individu (Collection de
l'École des mines) vu de côté.
Calcaire à baculites du Cotentin.
Fresville, près Valognes (Manche).

Fig. 9ᵇ. — Le même, vu du côté ventral.

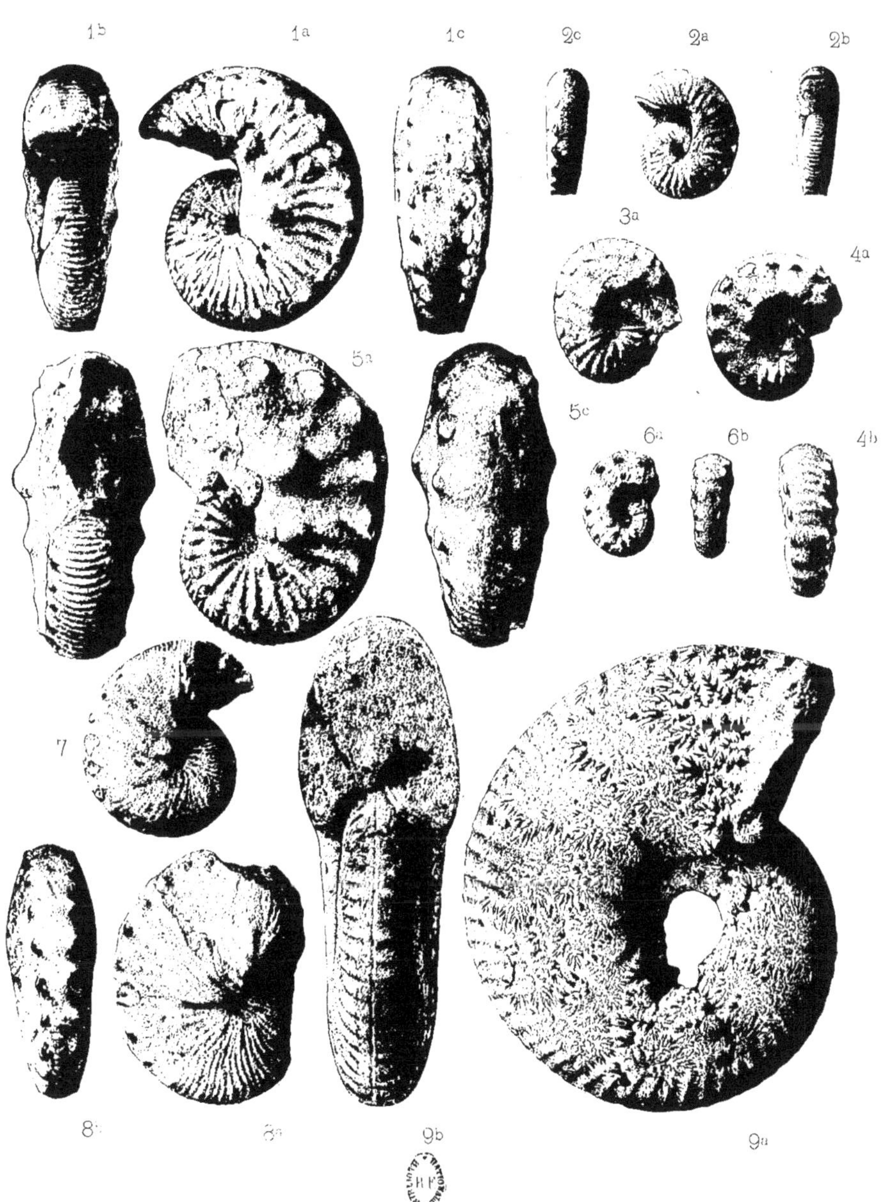

Sohier correxit

PLANCHE XXXII

PLANCHE XXXII.

EXPLICATION DES FIGURES.

Fig. 1. — **Scaphites Lamberti**, A. de Grossouvre, nov. sp. (p. 241). — Fragment d'un indi‑
vidu (Collection Le Mesle) vu de côté.
Calcaires durs de la partie inférieure de la craie de Villedieu.
Carrières de la Ribochère, commune de Couture (Loir‑et‑Cher).

Fig. 2. — **Scaphites hippocrepis**, Morton, sp. (p. 244). — Fragment d'un individu (Collec‑
tion Arnaud) vu de côté.
Étage campanien. Assise P¹ de M. Arnaud.
Saint‑Hilaire (Charente).

Fig. 3ª. — **Scaphites hippocrepis**, Morton, sp. (p. 244). — Individu (Collection Arnaud) vu
de côté.
Étage campanien. Assise P¹ de M. Arnaud.
Tranchée de Vaure, Mensignac (Dordogne).

Fig. 3ᵇ. — Le même, vu du côté ventral.

Fig. 4ª. — **Scaphites Meslei**, A. de Grossouvre, nov. sp. (p. 239). — Individu (Collection A.
de Grossouvre) vu de côté; une partie du dernier tour de spire a été enlevée pour
montrer les premiers tours.
Calcaires durs de la partie inférieure de la craie de Villedieu.
Carrières de la Ribochère, commune de Couture (Loir‑et‑Cher).

Fig. 4ᵇ. — Le même, vu du côté ventral.

Fig. 5ª. — **Scaphites Lamberti**, A. de Grossouvre, nov. sp. (p. 241). — Fragment d'un indi‑
vidu (Collection Le Mesle) vu de côté.
Calcaires durs de la partie inférieure de la craie de Villedieu.
Carrières de la Ribochère, commune de Couture (Loir‑et‑Cher).

Fig. 5ᵇ. — Le même, vu du côté ventral.

Fig. 6. — **Scaphites pulcherrimus**, A. Römer (p. 250). — Individu (Collection Arnaud) vu
de côté, montrant seulement les premiers tours de la spire.
Assise Q de M. Arnaud.
Neuvic (Dordogne).

Fig. 7ª. — **Scaphites Meslei**, A. de Grossouvre, nov. sp. (p. 239). — Individu (Collection A.
de Grossouvre) vu de côté.
Calcaires durs de la partie inférieure de la craie de Villedieu.
Environs de Lavardin (Loir‑et‑Cher).

Fig. 7ᵇ. — Le même, vu du côté ventral.

Fig. 8ª. — **Scaphites Arnaudi**, A. de Grossouvre, nov. sp. (p. 242). — Individu (Collection
Rejaudry) vu de côté.
Étage coniacien. Assise L¹ de M. Arnaud.
Saint‑Simon, près Jonzac (Charente‑Inférieure).

Fig. 8ᵇ. — Le même, vu du côté ventral.

Fig. 9ª. — **Scaphites pulcherrimus**, A. Römer (p. 250). — Individu (Collection Arnaud) vu
de côté.
Assise Q de M. Arnaud.
Neuvic (Dordogne).

Fig. 9ᵇ. — Le même, vu du côté ventral.

Fig. 10ª. — **Scaphites gibbus**, Schlüter (p. 251). — Individu (Collection Arnaud) vu de côté.
Étage campanien. Assise Pᵃ de M. Arnaud.
Saint‑Médard‑de‑Barbezieux (Charente).

Fig. 10ᵇ. — Le même, vu du côté ventral.

1
2
3a
4b
4a
6
5a
5b
3b
8b
8a
7b
7a
9a
10b
10a

PLANCHE XXXIII

PLANCHE XXXIII.

EXPLICATION DES FIGURES.

FIG. 1ᵃ. — **Pachydiscus colligatus**, VON BINKHORST, sp. emend. A. DE GROSSOUVRE
(p. 202). — Individu de taille moyenne (Collection Boreau-Lajanadie), vu
de côté.

Calcaire jaune. Assise Q de M. Arnaud.

Falaise de Terrenègre, près Royan (Charente-Inférieure).

FIG. 1ᵇ. — Le même, vu du côté ventral.

1 b
1 a
Procédé G. Pilarski, A. Murat & C.ie
Sohier Correxit

PLANCHE XXXIV

42.

PLANCHE XXXIV.

EXPLICATION DES FIGURES.

Fig. 1. — **Pachydiscus perfidus**, A. DE GROSSOUVRE, nov. sp. (p. 213). — Individu (Collection Arnaud) vu de côté.
Grande carrière de Tercis (Landes).

Fig. 2ᵃ. — **Schlüteria Larteti**, SEUNES, sp. (p. 218). — Individu (Collection Lartet) vu de côté; reproduction de la figure du mémoire de M. Seunes (pl. IV, fig. 2ᵃ).
Calcaires durs lithographiques à stegasters.
Route de Gan à Rébenacq (Basses-Pyrénées).

Fig. 2ᵇ. — Le même, vu du côté ventral; reproduction de la figure du mémoire de M. Seunes (pl. IV, fig. 2ᵇ).

Fig. 3ᵃ. — **Schlüteria Larteti**, SEUNES, sp. (p. 218). — Individu (Collection Seunes) vu de côté; reproduction de la figure du mémoire de M. Seunes (pl. III, fig. 2).
Calcaires durs lithographiques à stegasters.
Route de Gan à Rébenacq (Basses-Pyrénées).

Fig. 3ᵇ. — Le même, vu du côté ventral; reproduction de la figure du mémoire de M. Seunes (pl. IV, fig. 3).

Fig. 4. — **Gaudryceras planorbiforme**, J. Böhm, sp. (p. 231). — Individu vu du côté gauche; reproduction de la figure du mémoire de M. Seunes (pl. VI, fig. 1ᵃ).
Calcaires durs lithographiques à stegasters.
Route de Gan à Rébenacq (Basses-Pyrénées).

Fig. 5ᵃ. — Le même, vu du côté droit; reproduction de la figure du mémoire de M. Seunes (pl. VI, fig. 1ᵇ).

Fig. 5ᵇ. — Le même, vu du côté ventral; reproduction de la figure du mémoire de M. Seunes (pl. VI, fig. 1ᶜ).

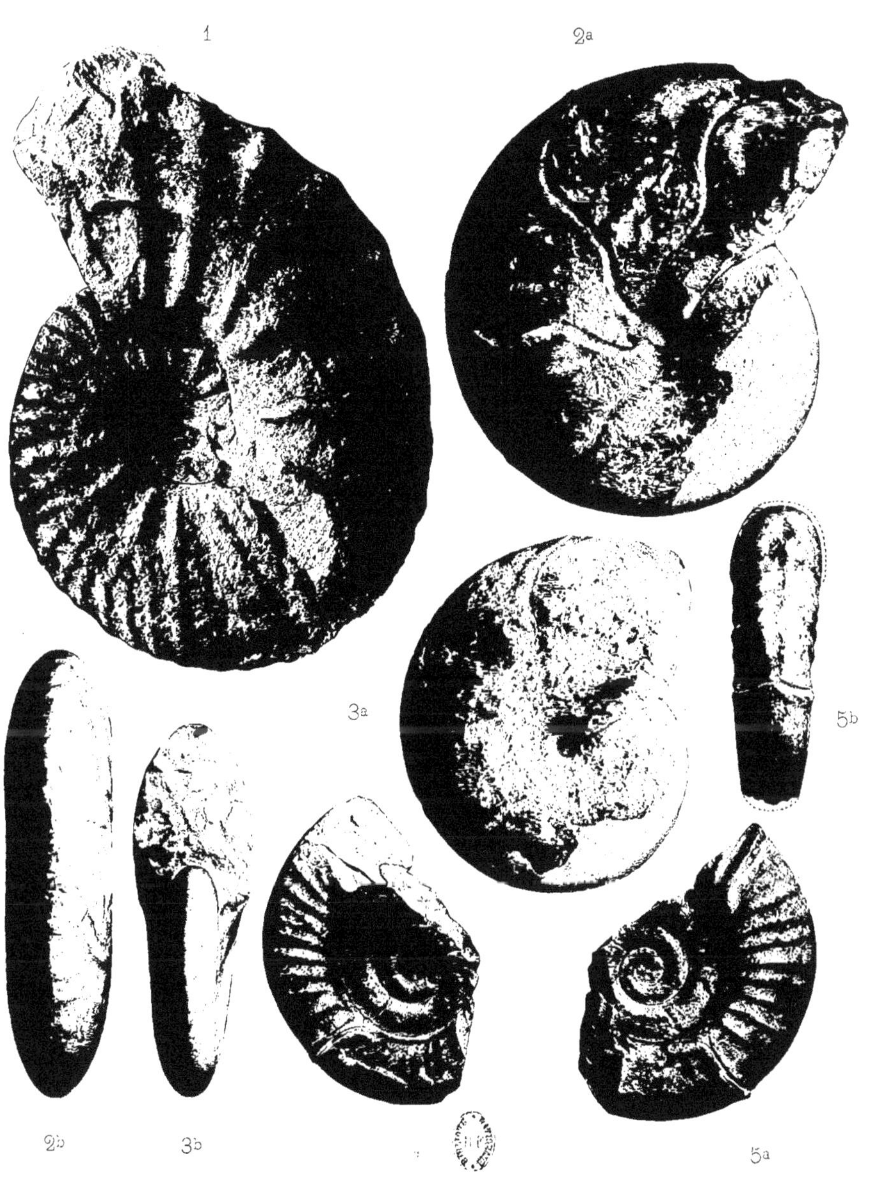

Sohier correxit

PLANCHE XXXV

PLANCHE XXXV.

EXPLICATION DES FIGURES.

Fig. 1^a. — **Schlönbachia Fournieri**, A. DE GROSSOUVRE, nov. sp. (p. 112). — Individu (Collection Fournier) vu de côté pour montrer l'ornementation des flancs.
Calcaires blanchâtres à bryozoaires de la Charente.
Gisement précis inconnu.

Fig. 1^b. — Le même, vu du côté ventral, en arrière.

Fig. 1^c. — Le même, vu du côté ventral, la bouche en avant.

Fig. 2. — **Muniericeras rennense**, A. DE GROSSOUVRE, nov. sp. (p. 160). — Fragment de tour d'un individu (Collection Péron) vu de côté.
Calcaires marneux à la base des couches à micrasters.
Ravin de Montferrand (Aude).

Fig. 3. — **Muniericeras Lapparenti**, A. DE GROSSOUVRE, nov. sp. (p. 158). — Fragment d'un individu (Collection Toucas) qui se distingue du type par ses côtes non bifurquées sur le pourtour externe.

Fig. 4. — **Muniericeras inconstans**, A. DE GROSSOUVRE, nov. sp. (p. 159). — Fragment de tour d'un individu (Collection Péron) vu de côté.
Calcaires marneux à la base des couches à micrasters.
Ravin de Montferrand (Aude).

Fig. 5. — **Muniericeras inconstans**, A. DE GROSSOUVRE, nov. sp. (p. 159). — Fragment de tour d'un individu (Collection Péron) vu de côté.
Calcaires marneux à la base des couches à micrasters.
Ravin de Montferrand (Aude).

Fig. 6^a. — **Scaphites hippocrepis**, MORTON, sp. (p. 244). — Individu (Collection de l'École des mines) vu de côté.
Provenance inconnue.

Fig. 6^b. — Le même, vu du côté ventral, la bouche en avant.

Fig. 6^a. — Le même, vu du côté ventral, la bouche en arrière.

Fig. 7. — **Gaudryceras planorbiforme**, J. BÖHM, sp. (p. 231). — Individu (Collection Nicklès) vu de côté, d'après le moulage d'une empreinte en creux.
Calcaires marneux à *Echinocorys tenuituberculatus*, du Mas-de-Blas-Giner, près Alcoy (Espagne).

Fig. 8. — **Ancyloceras (?) Douvillei**, A. DE GROSSOUVRE, nov. sp. (p. 254). — Fragment d'un individu (Collection A. de Grossouvre) vu de côté.
Couches à *O. auricularis* de la partie moyenne de la craie de Villedieu.
Carrières de la Ribochère, commune de Couture (Loir-et-Cher).

Fig. 9. — **Hauericeras Welschi**, A. DE GROSSOUVRE, nov. sp. (p. 222). — Individu (Collection J^h Jean) vu de côté.
Marnes bleues à *Mortoniceras texanum* du bas du chemin de Sougraignes aux Croutets (Aude), au-dessous des calcaires marneux à *Lima marticensis*.

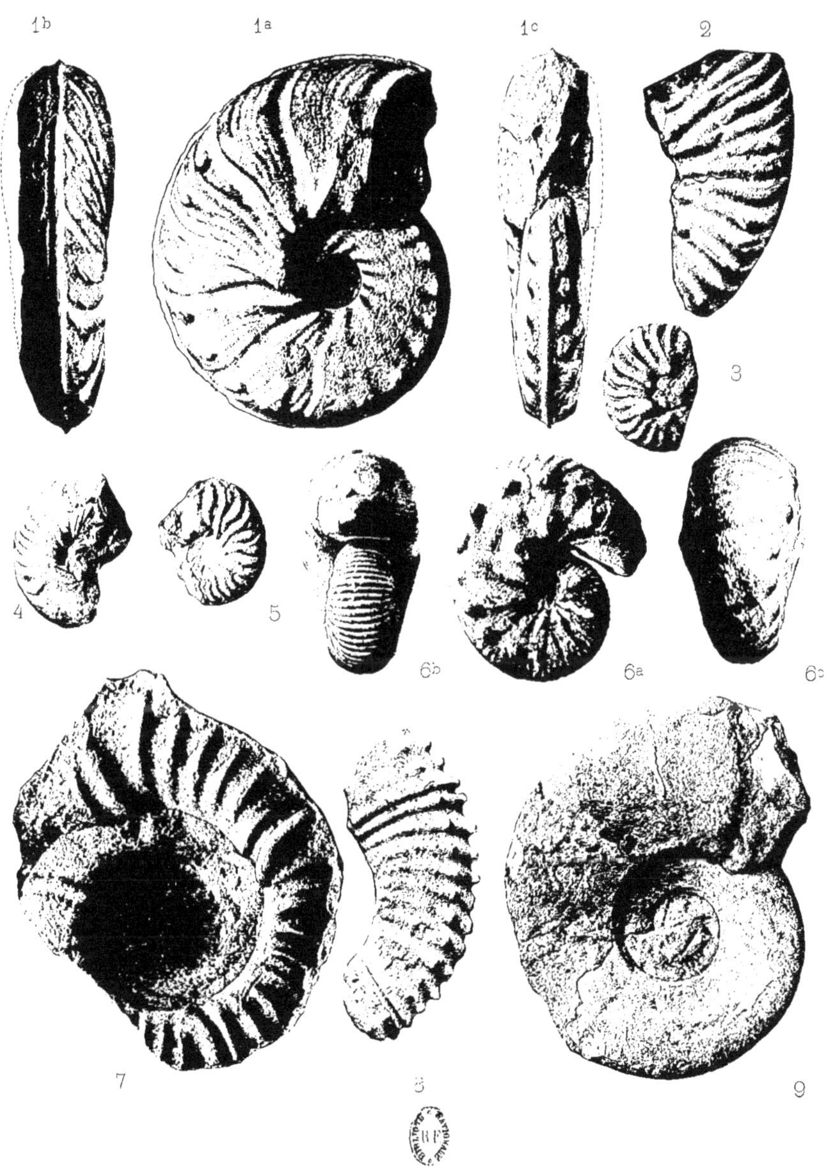

Sohier correxit

PLANCHE XXXVI

PLANCHE XXXVI.

EXPLICATION DES FIGURES.

Fig. 1ᵃ. — **Hoplites Gosseleti**, A. DE GROSSOUVRE, n. sp. (p. 116). — Individu (Collection Gabelle) vu de côté pour montrer ses côtes simples, radiales et presque droites, caractères qui distinguent cette espèce de *Hoplites coesfeldiensis*.

Environs de Soulatge (Aude). Gisement inconnu.

Fig. 1ᵇ. — Le même, section des tours.

Fig. 2ᵃ. — **Pachydiscus subrobustus**, SEUNES (p. 200). — Individu (Collection A. de Grossouvre) vu de côté pour montrer l'ornementation de cette espèce et la persistance des côtes ombilicales dans l'adulte.

Grande carrière de Tercis (Landes).

Fig. 2ᵇ. — Le même, vu du côté ventral.

Fig. 3ᵃ. — **Pachydiscus Cayeuxi**, A. DE GROSSOUVRE, n. sp. (p. 191). — Individu (Collection A. de Grossouvre) vu de côté; on voit, au commencement du dernier tour, des côtes très irrégulières, dont les plus longues présentent, près de l'ombilic, un tubercule saillant.

Marnes ferrugineuses intercalées entre les bancs inférieurs de rudistes, sur le chemin de Sougraignes aux Croutets (Aude).

Niveau du *Placenticeras syrtale*.

Fig. 3ᵇ. — Le même, vu du côté ventral, l'ouverture en arrière.

Fig. 3ᶜ. — Le même, vu du côté ventral, l'ouverture en avant.

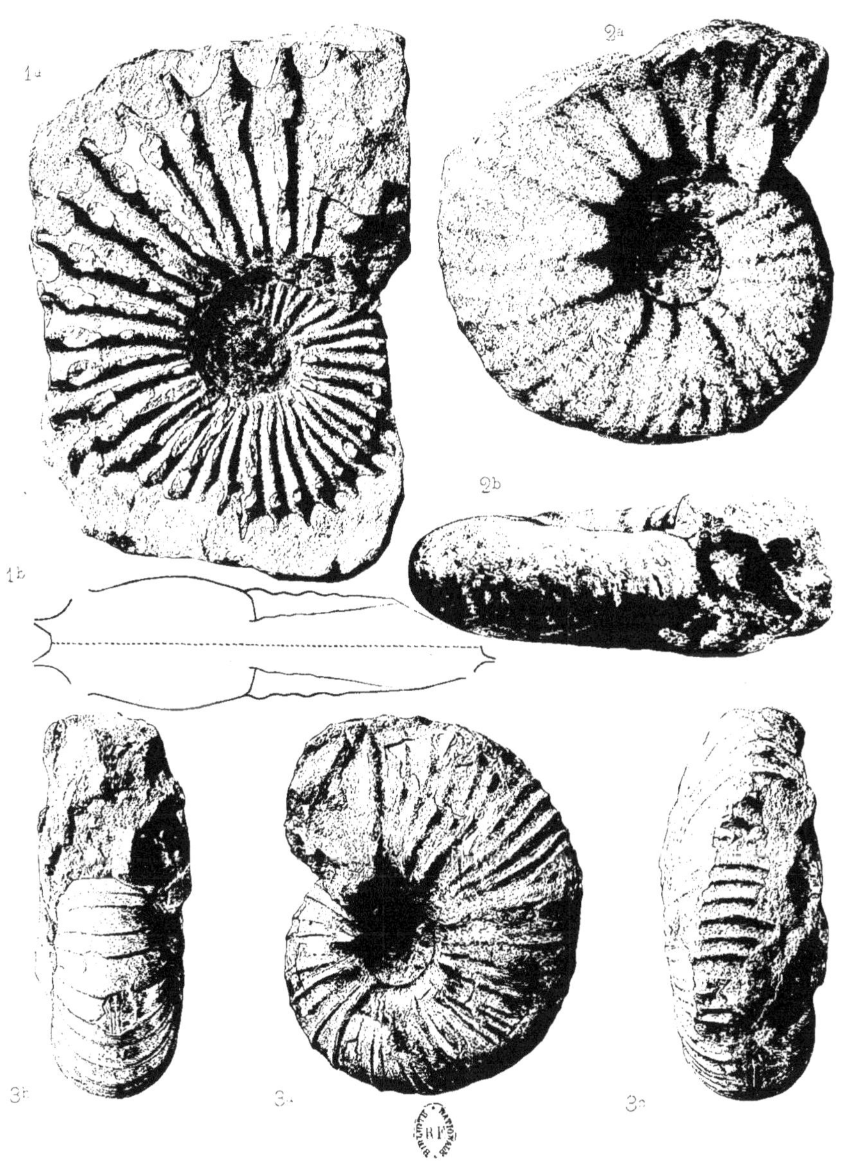
1ᵃ
2ᵃ
2ᵇ
1ᵇ
3ᵇ
3·
3ᶜ

PLANCHE XXXVII

PLANCHE XXXVII.

EXPLICATION DES FIGURES.

Fig. 1ª. — **Pachydiscus isculensis**, Redtenbacher, sp. (p. 185). — Individu de petite taille (Collection A. de Grossouvre) vu de côté.

Marnes ferrugineuses à *Placenticeras syrtale*, comprises entre les deux bancs inférieurs de rudistes du chemin de Sougraignes aux Croutets (Aude).

Fig. 1ᵇ. — Le même, vu du côté ventral, l'ouverture en avant.

Fig. 1ᶜ. — Le même, vu du côté ventral, l'ouverture en arrière.

Fig. 2. — **Sonneratia Paillettei**, d'Orbigny, sp. (p. 149). — Fragment d'un individu (Collection Durand) vu de côté pour montrer l'allure sinueuse des côtes.

Marnes à *Micraster brevis* des environs de Rennes-les-Bains (Aude).

Fig. 3ª. — **Scaphites hippocrepis**, Dekay, sp. (p. 244). — Individu (Collection Arnaud) vu de côté.

Assise Pⁱ de M. Arnaud.

Mensignac (Dordogne).

Fig. 3ᵇ. — Le même, vu du côté ventral.

Fig. 4ª. — **Sonneratia Savini**, A. de Grossouvre, n. sp. (p. 152). — Individu jeune (Collection Gabelle) vu de côté pour montrer l'ornementation des premiers tours et les étranglements transverses de la coquille.

Environs de Soulatge (Aude). Gisement inconnu.

Fig. 4ᵇ. — Le même, vu du côté ventral.

Fig. 5. — **Pachydiscus Carezi**, A. de Grossouvre, n. sp. — Individu (Collection Joseph Jean) vu de côté.

Calcaires marneux à *Micraster brevis* de Borde-Neuve, près Rennes-les-Bains (Aude).

Fig. 6. — **Lytoceras Sicardi**, A. de Grossouvre, n. sp. (p. 223). — Fragment d'un individu (Collection A. de Grossouvre) de taille moyenne, avec l'empreinte d'une partie des tours.

Marnes ferrugineuses à *Placenticeras syrtale*, comprises entre les deux bancs inférieurs de rudistes du chemin de Sougraignes aux Croutets (Aude).

Fig. 7ª. — **Gaudryceras Rouvillei**, A. de Grossouvre, n. sp. (p. 228). — Individu (Collection Gabelle) type de l'espèce, vu de côté.

Environs de Soulatge (Aude). Gisement inconnu.

Fig. 7ᵇ. — Le même, vu du côté ventral, l'ouverture en arrière.

Fig. 7ᶜ. — Le même, vu du côté ventral, l'ouverture en avant.

Fig. 8ª. — **Gaudryceras Colloti**, A. de Grossouvre, n. sp. (p. 229). — Individu (Collection de l'École des mines) vu de côté pour montrer l'ornementation caractéristique de la coquille.

Carrière de la route de Gan à Rébenacq (Basses-Pyrénées).

Calcaires à stegasters.

Fig. 8ᵇ. — Le même, vu du côté ventral.

Fig. 9ª. — **Desmoceras pyrenaïcum**, A. de Grossouvre, n. sp. (p. 168). — Individu (Collection A. de Grossouvre) de petite taille, reproduit avec un grossissement de deux diamètres, vu de côté.

Marnes bleues comprises entre deux bancs à *Hippurites cornucopiæ*.

Environs de Sougraignes (Aude).

Fig. 9ᵇ. — Le même, vu du côté ventral, l'ouverture en avant; on voit le siphon immédiatement sous la surface du moule.

Fig. 9ᶜ. — Le même, vu du côté ventral, l'ouverture en arrière.

Fig. 10ª. — **Gaudryceras Rouvillei**, A. de Grossouvre, n. sp. (p. 228). — Individu (Collection A. de Grossouvre) de petite taille, reproduit avec un grossissement de deux diamètres, vu de côté.

Marnes bleues comprises entre deux bancs à *Hippurites cornucopiæ*.

Environs de Sougraignes (Aude).

Fig. 10ᵇ. — Le même, vu du côté ventral, l'ouverture en avant.

Fig. 10ᶜ. — Le même, vu du côté ventral, l'ouverture en arrière.

Fig. 11ª. — **Lytoceras Sicardi**, A. de Grossouvre, n. sp. (p. 223). — Individu (Collection A. de Grossouvre) de petite taille, reproduit avec un grossissement de deux diamètres, type de l'espèce, vu de côté.

Marnes bleues comprises entre deux bancs à *Hippurites cornucopiæ*.

Environs de Sougraignes (Aude).

Fig. 11ᵇ. — Le même, vu du côté ventral.

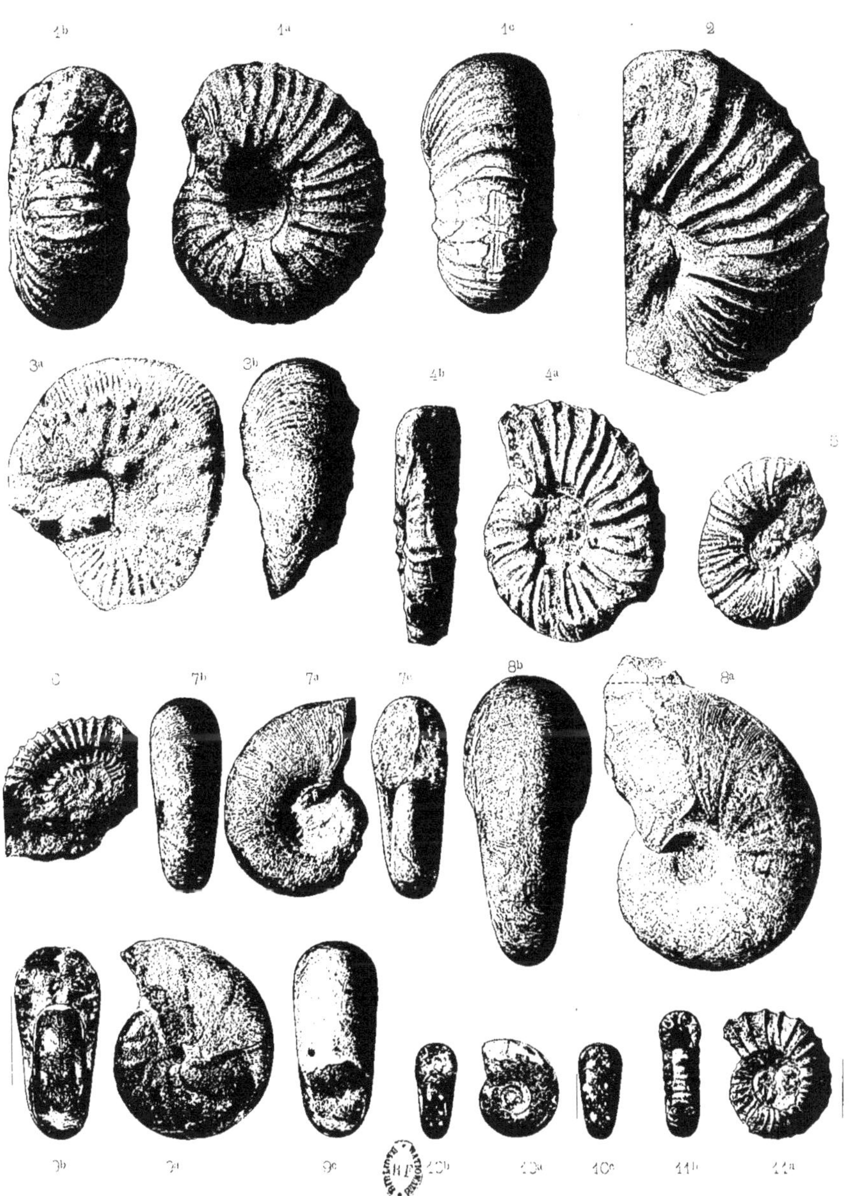

PLANCHE XXXVIII

43.

PLANCHE XXXVIII.

EXPLICATION DES FIGURES.

Fig. 1. — **Schlönbachia Bertrandi**, A. de Grossouvre, n. sp. (p. 114). — Individu (Collection A. de Grossouvre) type de l'espèce, vu de côté.

Marnes bleues du ravin situé au nord de Sougraignes (Aude).

Fig. 2ᵃ. — **Pachydiscus Canali**, A. de Grossouvre, n. sp. (p. 195). — Individu (Collection A. de Grossouvre) type de l'espèce, vu de côté.

Marnes à *Micraster brevis* sur le chemin de Nalzen à Freychenet (Ariège).

Fig. 2ᵇ. — Le même, vu du côté ventral.

Fig. 3. — **Pachydiscus neubergicus**, F. von Hauer, sp. emend., A. de Grossouvre (p. 207). — Individu (Collection A. de Grossouvre) de la plus grande taille connue, remarquable par la persistance des côtes sur la région externe des flancs.

Carrière d'Angoumé (Landes).

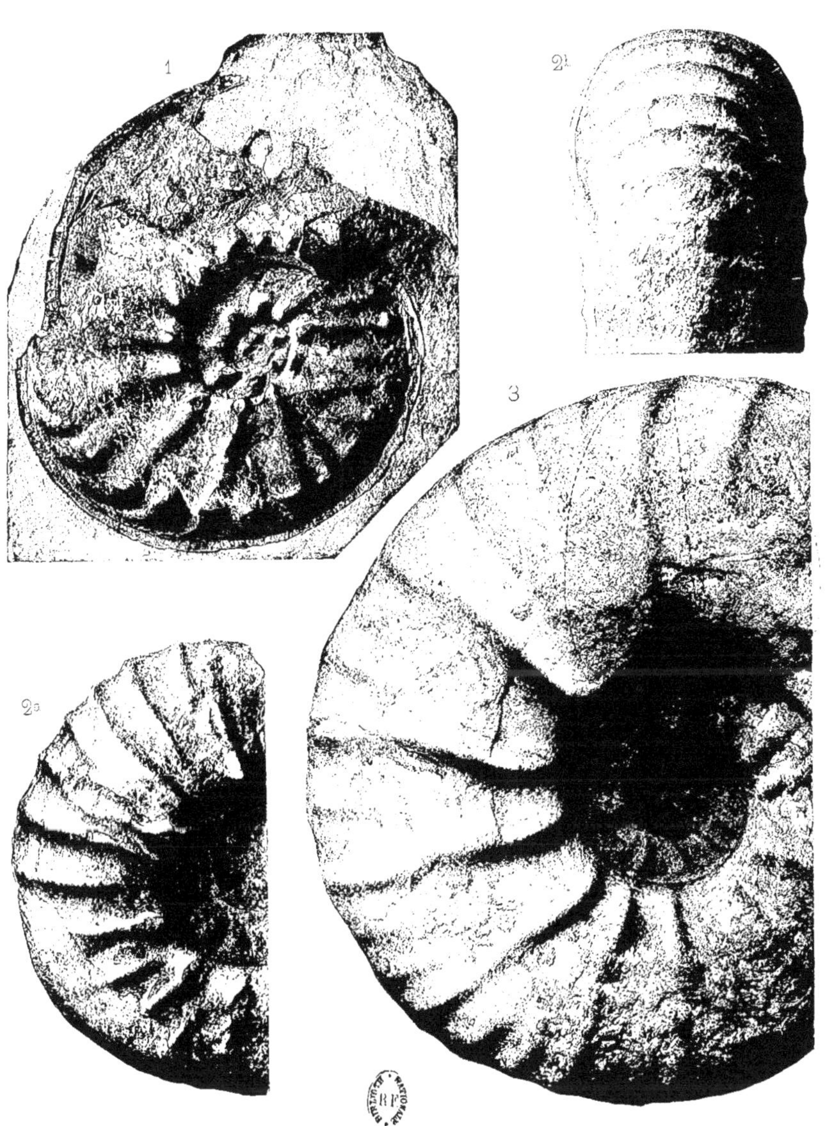

Sohier corr.

PLANCHE XXXIX

PLANCHE XXXIX.

EXPLICATION DES FIGURES.

Fig. 1ᵃ. — **Gaudryceras mite**, F. von Hauer, sp. (p. 227). — Individu adulte (Collection Péron) remarquable par son état de conservation, et ayant encore son test. Marnes bleues à *Mortoniceras texanum*, sur le chemin de Sougraignes aux Croutets (Aude).

Fig. 1ᵇ. —· Le même, vu du côté ventral pour montrer l'inflexion en avant des côtes sur cette région.

Schier corr.